不做

让人生更丰富的减法哲学

[日] 辻信一 著

朱悦玮 译

江西人民出版社

人生重要的不在于做了什么

　　而是没做什么

——长田弘《诗人之死》

前　言

想要过得更轻松、活得更悠闲……你有没有这样的愿望？

我要告诉你的是，就在你"轻松""悠闲"这样的减法思维的冲动中，蕴含着让你的人生更加幸福的关键。不仅如此，其中一定也有让我们生活的这个社会变得更加和谐美满的线索。

深呼吸，仔细观察一下这个宽广的世界。战争、饥饿、歧视、环境破坏、粮食危机、能源危机、金融危机、经济危机……再加上一直持续到现在的福岛第一核电站的核污染危机，我们真是生活在一个可怕的时代。

这就是以"永无止境的经济增长"为主题的电视连续剧的结局。当贪婪成为美德，我们生活的社会就变成了一个"以更快的速度完成更多事情"的竞技场。

请再次深呼吸，仔细观察一下你的身边。你会发现周围任何时间、任何地点，都充满了太多太多的事物。

我们所生活的这个世界，完全可以用一个词来形容，那就是"过剩"。生产过剩、商品过剩、欲望过剩、竞争过剩、信息过剩。而造成这一切过剩的源头，就在于"要做的事情过剩"。

这种过剩不仅将世界带入危机的深渊，还将我们每个人都逼上走投无路的窘境。

"要做的事"过多的状态被称为"忙"。"忙"从字形上看，就是"心的死亡"。你的心现状如何呢？

但是，我们无法责备忙碌的自己。因为当今社会的"常识"就是：为了争夺更多的资源，就必须付出更多的努力。面对不景气的时代，如果你说"我想休息""我想悠闲""我想做自己喜欢的事""我想多陪陪家人"，回答你的永远是"现在不是说这些话的时候"。"要做的事"和"必须要做的事"越来越多。而我们手上的"要做"列表也在不知不觉中变得越来越长。

我们似乎无法阻止社会要求"更快、更好"的趋势，只能眼睁睁地看着它走向悲剧的结局。但请你不要失望，因为我们还有其他的道路可以选择。取代走向悲剧结局的古老故事，开创一个充满希望的崭新故事。

在长田弘的诗歌《沉睡森林的故事》中，有一个"颠倒的国家"。

很久以前 在某个地方
有一个颠倒的国家
晴朗的日子 大雨倾盆
下雨的日子 阳光万里
坚强的人 很脆弱
脆弱的人 很坚强
正确的 是错误的
错误的 是正确的

我们或许一直都住在这个"颠倒的国家"。然而在这个危机四伏的时代，我们不如尝试一下"彻底颠倒"的大变换。就好像富裕就是贫穷、贫穷就是富裕一样，让我们将曾经的主流思想和所谓的"常识"都颠倒过来看一看。

我们可以用"不做"来代替"要做"，在心中创造一个"颠倒的国家"。"危机"的"机"同时也是"机会"的"机"。

正是2011年的东日本大地震，促使我们产生了这样的思维转换。

在这个过剩的时代，我们所能做的最有价值的事，就是减法，也就是"不做"。或许从今往后，对于我们的人生来说，对于社会来说，"减法"才是真正的"加法"。

首先，从今天开始，一项一项地减去到昨天为止一直在做的事。然后，在"要做"列表的旁边，放一个"不做"的列表。从今往后，你的人生一定会发生重大的转变。

目 录

前言 ………………………………………………… 003

第一章　从"要做"列表到"不做"列表 ………… 001

　　　　忙碌的日本人　002
　　　　"要做"的事无限增加　005
　　　　做一个不被列表牵着走的人　007
　　　　什么是"时间管理"　010
　　　　和时间重新做朋友　012
　　　　什么是想做的事，什么是必须做的事　015
　　　　遗愿清单　017
　　　　人生就是竞争？　019
　　　　竞争的本质是"快即胜"　021
　　　　从"不做"开始　024
　　　　职场精英的"不做"列表　026
　　　　"不做无用功"的无用功是什么　028
　　　　普通人的"不做"列表　030
　　　　道教的无为　033
　　　　"不做"和"在做"　037
　　　　专栏："不做"的名言集一　039

第二章　给"不做"的事情列个表 ………………… 041

　　　　不说"绝对"　042
　　　　不依赖手表　045

007

　　　　不浪费上厕所的时间 1　048
　　　　不用一次性用品　051
　　　　不赶车　055
　　　　不吝啬睡眠时间　058
　　　　不看电视　062
　　　　吃饭时不谈工作　065
　　　　不用自动贩卖机　068
　　　　今天不做明天的事　071
　　　　专栏："不做"的名言集二　074

第三章　"不做"的减法思维……………………077
　　　　减少东西，创造一个心情舒畅的空间　078
　　　　东西太多会让人感觉疲劳　082
　　　　整个地球都"要做"过剩　085
　　　　走出"过剩"世界的方法　087
　　　　不要固执于"不做"　090
　　　　摆脱加法模式　093
　　　　减法改善生活质量　095
　　　　制作ZOONY列表的方法　098
　　　　享受不便带来的快乐　100
　　　　专栏："不做"的名言集三　103

第四章　面向未来的"不做"列表……………105
　　　　不催促自己和他人　106

不浪费上厕所的时间2　111

不要把杂事扔进垃圾箱　115

不过分察言观色　118

不考试　122

不学任何新东西——亚历山大健身法的智慧　127

不勉强提高干劲　131

不要急于前行　133

"不努力"和"不放弃"　137

不能失去更多　142

不留遗产　147

专栏："不做"的名言集四　151

第五章　从"不做"中诞生的力量 ……………… 153

认真暂停"要做"　154

时间的圣域在哪？　157

从空间的世界到时间的世界——从"要做"到"存在"　160

"存在"社会与"要做"社会　163

当"要做"愈发疯狂之后　165

追求幸福就是幸福？　167

珍惜"眼前的东西"　169

"要做"社会舍弃的东西　171

只需要"存在"的世界　174

商业中"弱"的力量　177

描绘人生的抛物线　179

内在修养　181
　　"做"和"成为"　184
　　从"成长"到"培育",从"治愈"到"自愈"　186
　　相信等待的力量　188
　　最适宜"不做"的地方　190
　　最后再一次回到颠倒的国家　193

结　语·· 195
出版后记······································· 201

第一章

从"要做"列表到"不做"列表

忙碌的日本人

日本人很忙。虽然每个国家都有忙碌的人，但恐怕没有哪个国家像日本这样忙碌的人如此之多。你一定也很忙吧？

我忙吗？遇到这样问题的时候，很多人都会回答："我很忙，连休息的时间都没有。"

为什么日本人看起来比其他国家的人更忙碌呢？现在的日本人就连日常打招呼的用语都和以前不一样。大家见面不说"您好"，而是说"百忙之中……"，甚至大清早见面就说"您辛苦了"。

我们经常能听到别人说"哎呀，没时间了！"之类的话，询问周围的人，也会发现很多人都感觉自己"越来越忙"。就好像时间在不断地加速流逝一样，感觉一切都很忙碌的人越来越多。我们不是"被时间追赶"就是在"追逐时间"。但是，这两者是相同的。总之日本这个国家，如果说在"金钱的持有量"上属于一流，那么在"时间的持有量"上似乎在三流以下。

"忙"和"感觉忙"是两种概念。欧美国家当然也有很多忙碌的人，但像日本人这样疲于奔命的，大概除了在大城市的商业街之外并不多。我去过亚洲和南美洲的发展中国家，那里也有忙碌的人，很多人白天都要努力工作。但就算是在人均一天赚不到一美元的缅甸和厄瓜多尔的乡村，我也没见过忙碌到疲于奔命的村民，更没听到他们充满焦虑地说"没时间！"之类的抱怨。尽管这和我们印象中的"悠闲的生活"不一样，但每个人似乎都在悠然自得地生活着。

在日本人所谓的"忙"之中，就已经有了一种过剩的含义。这种过剩，甚至还带有社会价值。

日本人不只是"忙"。"忙"只是"做很多事"，或者一种"有很多事要做"的状态。忙本身并没有"好"或者"坏"之分。但是，在像日本这样的现代社会，"忙"本身被赋予了积极的社会价值，并且成为一种基准，"不忙"则成了偏离标准的一种异常现象。

因此，这个世界上充满了忙碌的人。虽然很多人都因为忙碌而感到痛苦，但却很少有人抵抗这种"忙碌"。这些人沉浸在忙碌之中，没人尝试挣脱出来，甚至还有人以忙碌为荣。媒体追捧着那些忙到废寝忘食的人，广告中也经常出现帮助人们战胜疲劳的药物。忙碌被看作富裕的代名词，还有很多人将忙碌和幸福混为一谈。

那么这个世界上就没有轻松悠闲的人了吗？答案当然是否定的。特别是最近，主动摆脱繁忙的生活，选择享受轻松时光的人越来越多。有的人从城市搬到乡下，就算收入减少，但仍然选择了一个不再被时间束缚的工作。像这样选择"慢生活"和"减速人生"的社会运动逐渐影响更多的人。（《减慢速度自由地生活——减速人生》，高坂胜著）

不过，忙碌仍然是社会的主流。在这样的社会里，拥有闲暇的人会因为自己不够繁忙而感到烦恼、寂寞、愤怒、焦躁，甚至自责。"不忙的人不配为人"的风潮仍然很强。

"要做"的事无限增加

"忙"就像是一种疾病，侵蚀着我们的身体和心灵，只有对其加深了解，才能够找到有针对性的治疗方法。这就是本书的目的。首先，我们需要制作一个"要做"列表（To Do List）。

这也要做，那也要做……你的生活离不开"要做"列表。这份列表的内容不断增加，却很难减少。我们很少考虑去减少"要做"的事，甚至从没问过自己"如果没有事情做会怎样"。不，或许是因为"没有事情做"这种情况，只是想一想都觉得很可怕。所以我们才尽量不让自己去想吧。

很多人认为，"要做"列表应该有一定的长度才好。但"要做"列表是不是越长越好呢？并非如此。因为，我们绝大多数的痛苦，都是"要做"列表太长导致的。"不做不行"的事情接连不断地出现，冗长的"要做"列表成为压在我们每个人身上的沉重负担，或是像不断催促我们快步前行的长鞭。看样子，这份列表，太短不好，太长也不行。

如果我们不管这份列表又会怎样呢？列表会不断增加，最后一发而不可收拾。绝大多数人都是这么认为的吧。

我们之所以要制作一个"要做"列表，就是出于对"要做"的事无限增加的恐惧。总是加班、带病上班、放弃年假……这些行为都是因为害怕收件箱里"要做"的工作越积越多，像电影结束后的演职员表一样没完没了。

所以，你被不断加长的列表所操控，每当完成一项"要做"的事，马上就会开始进行下一项。就好像不断地推动岩石的西西弗斯①一样。

然而，当你完成了一项工作并在列表上划掉它的时候，将会感到无比喜悦。因这种喜悦而慢慢上瘾，无法停止"要做"的列表的人也有很多。

---

① 希腊神话中科林斯的国王。因为贪婪而被宙斯惩罚在地狱里永远做往陡峭的斜坡上推大石头的苦役。——译者注

做一个不被列表牵着走的人

或许你会说,"要做"列表,有也不行,没有也不行。太长也不行,太短也不行。那究竟应该怎样才好呢?

答案很简单。只要彻底摆脱"要做"列表就好。本书就是一本帮助你摆脱"要做"列表而自我训练的指导书。

但是,很多人怀疑自己能不能做到。我要告诉你的是,可以。任何人都可以做到。

请思考一下。"要做"列表从出现到流行,最终变成离开它就无法生存的必需品,只是最近的事情。而在此之前,大概只有妈妈们出门买菜时才会列个表吧。每个人手里都有一个笔记本,到现在发展成用智能手机做记录,上面写满了计划的内容,对时间进行"整理"和"管理",这在以前是完全不存在的情景。

我在20世纪70年代末到90年代初一直在国外生活。当我回到日本的时候最令我感到惊讶的,就是广泛存在于年轻人之间的"空白综合征"。所谓"空白综合征",就是如果一个人的笔记本日程表中出现空白，也就是没有任何安排的时间段，那么这个人就会感到坐立不安。所以无论如何也要把这个空白的地方填满。

大概年轻人在笔记本的"空白"也就是"没有任何安排的时间段"里，感觉"自己不受欢迎""自己没有存在感"。反过来说，这些年轻人认为计划表代表了自己在社会上的存在价值。

几年前，在我的班上有一个女学生，她从短期大学（大专）毕业后参加工作，很快就因为职场忙碌的氛围而感到窒息，所以她从三年级开始插班到我所在的大学。她在课堂报告中这样写道：

　　以前，我是一个非常严重的"空白综合征"患者。如果不把时间表填满，心里就会不舒服。一天三个计划是最基本的。为了能够在短时间内尽可能多地完成工作，我考虑的都是怎么才能做得更快，怎么才能做得更多。电脑、手机、iPod等各种各样的电子产品包围了我的生活，我只做那些能够立刻做完的事情，而其他的事情则都被看做是麻烦而一拖再拖，最终从时间表上删除。我已经完全忘记花时间去慢慢地做一件事是什么感觉，也很久都没有和别人共同享受一段悠闲的时光。因为这些事都太麻烦了。现在我完全无法静下心来仔细地去做一件事，经常因为花费的时间太长而感到焦躁不安。

但是，这些"空白综合征"患者或许在商业的世界里看来是很常见的。因为在商业的世界中，问题不在于"没有空闲时间"，而在于"有空闲时间"。不过，实际的情况却刚好相反，商业的世界才对"有空闲时间"充满了不安，现在甚至已经发展成为一种恐惧。

什么是"时间管理"

在商业人士之间也存在着一种和"空白综合征"很相似的疾病，那就是"不知应该做什么综合征"（这个名字是我自己取的）。那些将时间表塞得很满的人，在做任何事情的时候，都会因为"这究竟是不是我应该做的"这个问题而烦恼。因为在他们内心之中，总是存在着一种不安，怀疑自己所做的事或许不是真正应该做的。

在商业人士之间，存在着一种以更有效率地完成工作为目标的"时间管理"思考方法。"时间管理"这个词出自英语"Time Management"，是美国20世纪80年代后期新自由主义经济学流行时所普及的概念。如今这个词在日本也开始流行起来，毫无疑问是受美国的影响。

如果你问一个在美国取得MBA学位的人，所谓时间管理术是什么意思，他的回答其实非常简单。那就是将一天分成多个时间段，然后对每个时间段进行检查。比如说，将12小时以6分钟为单位进行区分，然后将"能够解释说明的部分"涂上颜色,将"不能解释说明的部分"留下空白。

那么,什么是"不能解释说明的部分"呢?从时间管理的角度来说,就是"没有进行管理的时间"。可能是"没有充分利用的时间",或者是"白白浪费掉的时间"。这从商业的角度来看,被认为是"空闲的时间"。与大学生以 1 小时为单位制作时间表相比,商业人士以 6 分钟为单位管理时间,可以更加彻底地消灭空白时间。

和时间重新做朋友

现在让我们稍事休息。你明明有更有效地利用时间的方法，还是会翻开这本看起来毫无用处的书。我想，或许你也意识到了，在你我生活的这个社会之中，正在发生着非常奇妙的变化。我们日本人，为什么会对"空闲的时间"感到如此不安、恐惧甚至仇视呢？

我在大学里给一年级的学生推荐了一本叫做《破天而降的文明人》（原名《巴巴拉吉》）的书。这本书讲的是，距今一百多年前，居住在南太平洋一个小岛上的名叫椎阿比的酋长，前往当时世界上最"先进"的欧洲访问，然后在返回岛上之后，将自己在欧洲的所见、所闻、所感讲给自己岛上的伙伴。书中的"巴巴拉吉"在当地的语言中指的是白人、欧洲人、文明人的意思。巴巴拉吉的生活方式和思考方法，在椎阿比看来令人十分震惊的东西有很多。其中最让他惊讶的就是巴巴拉吉对待"时间"的态度。

椎阿比说，巴巴拉吉总是哀叹时间不够，向上天祷告"请再多给我一点时间！"在椎阿比看来，欧洲几乎不存在有闲暇的人。每个人都"如同被扔出去的石子一样在人生的道路上奔走前行"。巴巴拉吉将时间非常细致地分为"时""分""秒"。而且不管是小孩还是大人，去哪里都会随身带着一个细致划分时间的机械。

椎阿比还这样说道：巴巴拉吉们总是拼命地追赶时间，甚至连"晒太阳的时间都不放过"。但是在他所居住的岛屿上，没有人对时间感到不满，也不会追逐时间，更不会虐待时间。

这是既没有飞机，也没有汽车，更没有电脑的时代的故事。如果椎阿比来到现代日本的话，肯定会感到更加的惊讶。

这个故事不禁让我想到，现代社会很多人感到生活艰难，社会问题堆积如山，环境问题以及世界各地的纷争，这些问题的根源是不是都源自时间问题呢？或许你会觉得时间这个问题太大了，我们作为普通人很难理解。但实际上并没有你想象的那么难。这本书就是引导你思考时间问题的入门书。也可以说是为忙碌到没有自由时间的人所准备的时间论。如果说看完这本书之后你能够得到什么，我想或许就是你能够"和时间重新做朋友"吧。

什么是想做的事，什么是必须做的事

接下来，让我们看一看最关键的"要做"列表中的内容。我认为，在"要做（to do）"之中，肯定包括"想做（want to do）的事"和"必须做（have to do）的事"。当然，这两者之间的界限并不明显。或许最初你是很不情愿地"必须做"，但在做了一段时间之后你逐渐习惯了，并且产生某种快感，于是这件事就变成了"想做"。反之，有时候你"想做"的事情，成为一种义务后使你一下子失去了曾经的热情，结果就变成了"必须做"的事情。不过，在一般的"要做"列表中，"必须做"的数量要远远大于"想做"。

另外，在"必须做"的事情之中，还有"理所应当去做，但仔细想一想不做也可以"的事情和"不做就活不下去"的事情。在"不做就活不下去"的事情里，还包括"水、空气、食物等生活必需品""没有你我就活不下去""没有信仰就活不下去"等各种情况。但是，令人感到不可思议的是，像"不做就活不下去"这样重要的事情，却往往不在"要做"

的列表之中。

或许,"真正必须做"的事情一直存在于我们的意识之中,所以不必放在列表里吧。

如果是这样,那么在"要做"列表中那些"必须做"的事情,就不是"真正必须做"的事情了。很有趣,不是吗?

遗愿清单

美国有一部电影叫做《遗愿清单》。英语的名称是 *The Bucket List*。这个叫做"水桶列表"的奇怪标题来源于英语里面"kick the bucket"这一俚语,意思是"死前要做的事的列表"。

电影简介是这样的:为了培养子女而牺牲了自己梦想的汽车修理工和性格强势的富裕企业家,这两个人生轨迹完全不同的人,却在罹患绝症后住进同一个医院的病房,并且在那里写下了自己的遗愿清单。

遗愿清单里的内容不会增加,只会不断减少。而且还有"在死之前"这样一个无法延长的时间限制。

他们两个人所剩下的时间只有六个月。在他们所写下的清单上包括"欣赏最美丽的风景""亲切地对待陌生人""笑到流出眼泪""跳伞""驯服野马""狩猎狮子""亲吻世界上最美的女人",等等。

与几乎被"必须做"的事情完全占据的普通的"要做"

列表不同，遗愿清单里面都是"想做"和"虽然想做，但被必须做的事情所影响而没做成"的事情。不，或许可以这样说，在遗愿清单中，是"真正必须做"的事情与"想做"的事情的完美结合。

我不是让年轻的商业人士从现在开始就给自己列遗愿清单。只是希望你们能够认识到，在你们的"要做"列表中只有"必须做"的事情。同时扪心自问，自己真正"想做"的事情究竟跑到哪里去了。

如果你仔细看一看，或许会发现你遗忘的那些"想做"的事情被深埋在"要做"列表的最下面。试着将"想做"的事情翻出来，或许你会从"想做"的事情中找到新的发现。又或者你会发现，现在你只因为义务感而"必须做"的事情，本来曾经是你"想做"的事情。

另外，年轻时就思考自己的死亡，我认为是一件好事。任何人都是面向死亡而生存。如果不能直面自己的死亡，那么你就无法真正地理解自己生存的意义、自己行为的意义，以及"要做"列表的意义。不过，对于一个时间管理者来说，或许首先被扔进垃圾箱的就是"思考死亡的时间"吧。

人生就是竞争？

为什么在现代日本人的"要做"列表中,没有"想做",而完全被"必须做"取代了呢?最大的理由大概是,日本的社会体系基于竞争原理,是一个"竞争主义"的社会。不久之前,竞争还只存在于商业体系这个特殊的领域之中,但如今,竞争已经成为与每个人都息息相关的事情,因为整个社会都已经被经济和商业所吞噬。如今,"人生就是竞争"几乎成为了一种常识。

什么是竞争?词典里的解释是对胜负和优劣进行比较。有胜利者就会有失败者。根据"帕累托法则",社会上20%的人创造出了80%的社会财富。简单来说,就是只有二成的胜利者,八成都是失败者。但胜利和失败是相对而言的,如果没有失败者自然也就没有胜利者。也就是说,如果没有人参与竞争,那么竞争本身就不会存在。

当竞争成为社会的普遍法则,也就表示社会中的全体成员都要参与到竞争中来。但因为绝大多数的人都不愿参与竞争，所以社会必须动用教育和媒体的力量，营造出一种不参与竞争的人生没有意义的氛围。

为了使竞争成立，参加者们必须拥有同一个目标。如果每个人的目标不同，那么就无法对胜负和优劣进行比较，无法形成竞争。但仔细想一下就会发现，社会本来就不是每个人都为同一个目标竞争的地方。每个人拥有不同的目标其实是理所当然的情况。

那么在当今日本的竞争主义社会中，大家的目标是什么呢？一句话来说，就是经济上的成功，以及由此带来的富裕生活。

当然，我并不否定以赚取金钱为目标的生活方式，也不认为竞争就是不好的行为。我的意思是，在一个"必须参与竞争"的社会中，结果只能导致所有人都生活得非常艰难，不能可持续发展。而且，还有很多地方并不适合竞争，比如家人之间、朋友之间、邻里之间、村落和社区，等等。很多社会组织，比如公司和学校，本应该是大家互相帮助、取长补短的地方。

竞争的本质是"快即胜"

"自由竞争"一直是我们这个时代的关键词。但仔细想一下就会发现，这个词其实很有问题。因为在将社会本身看作是竞争舞台的社会之中，根本就没有不参与竞争的自由，或者明显地受到限制。而且，对于参加竞争的人来说，都必须遵守相同的规则，并且被强制前往已经定好的同一个目标。

结果，我们在这种强制的条件下，都变得非常不自由。

这种以竞争为名的不自由，才是导致现代日本人疲于奔命的罪魁祸首。按照相同的规则在竞争中一决胜负的竞争者们的"要做"列表，只能是内容非常相似的"必须做"列表。在他们的"要做"列表上，都是"其他人必须做"的事情。

而且，在全球化的趋势下，这种竞争的规模甚至已经庞大到覆盖整个世界的范围。在全球化时代的商业世界中，什么是"大家都必须做"的事情？答案就是提高效率。只有比竞争对手抢先一步，你才能够在竞争中获胜。竞争就是效率的竞争，也就是"快即胜"。

大家都在"快即胜"的竞争中全力以赴，这一社会对于生活在其中的人们来说，真的是幸福的社会吗？

"快即胜"的胜负是由什么决定的？答案很简单。如果在进行某项工作时，你比其他人都快，那你就是胜利者。也就是说，你比其他人的效率更高。或者说，你比其他人更快完成工作，节省了时间。

但现在问题就来了。你节约了时间之后，可以用这些时间来悠闲地去做"想做"的事吗？答案是 NO。在同样的时间里，别人只能完成一项工作，而你却要完成两项工作。你的工作效率体现在同样时间里你能够取得比别人更多的工作成果。所以，你节约的时间只能继续用在工作上，而不能用来做其他的事情。也就是说，你用 40 分钟完成了本应一小时完成的工作，这节约下来的 20 分钟要立刻投入到下一项"必须做"的工作中。这就是所谓的提高劳动生产率。

除此之外还有一种增加成果的方法。那就是延长工作时间。比如说通过延长你的工作时间，你不仅能够完成工作 A 和工作 B，甚至还能够完成工作 C 和工作 D。

这两种方法加在一起，可以提高你的工作业绩，最终与整个公司的经济发展联系在一起。这也是为什么没有人能够通过效率竞争得到闲暇时间享受生活，并且使工作更加轻松的根本原因。

由此我们也可以发现，追求更高的工作效率本身没有问题，问题在于竞争。就是因为竞争，我们不能用好不容易节省下来的时间去做自己想做的事，而只能去做"必须做"列表中的内容。就连我们本来为"想做"而准备的时间，也全都被"必须做"列表中的内容夺走。当然，效率的牺牲品不只是我们自己，还有社会。

既然如此，我们应该怎么做才好呢？我认为，唯一的办法就是拒绝效率竞争。让围绕着"要做"而产生的没完没了的竞争彻底终结。为了实现这一目标，我们首先需要在"要做"列表的旁边放一张"不做"列表。

"不做"列表将改变你因为"效率"和"竞争"而疲于奔命的人生，带领你走上新的人生道路。

从"不做"开始

现在让我们来试着建立一个"不做"列表吧。

与"要做"列表不同,"不做"列表中的内容不管怎么增加都不会给我们造成负担。"不做"列表不但有抑制"要做"列表无限增加的作用,还可以增加我们的闲暇时间,让我们能够更加认真仔细地去做"要做"列表里面的内容。

我也有一个"不做"列表。这个列表可能很长,没有办法一下子把所有的内容都想起来,但也不必担心。因为忘记"必须做"的事情可能会出现麻烦,但忘记"不做"的事完全无所谓,对吧?

在以芬兰为舞台的日本电影《海鸥食堂》中,有这样一段对话,是一位独自旅行的老年女性,对在异国他乡独自一人开了一家饭店的主人公所说的话。

"真好啊,能做自己想做的事。"

"我只是不做自己不想做的事而已。"

我们都认为"做自己想做的事"是一种幸福。但"做自己想做的事"实际上非常困难。因为知道什么是自己"想做的事"就不容易，所以我们可以选择"不做自己不想做的事"这种排除法的生活方式。对于海鸥食堂的老板娘来说，她只是用"不做"列表替换了"想做"列表，这也是另一种形式的幸福。

职场精英的"不做"列表

在建立"不做"列表的时候，有一件事需要特别注意。

那就是在这个世界上，还有一种为了提高"效率"和"竞争力"而存在的"不做"列表。这和我们接下来要建立的"不做"列表是完全不同的东西。

比如前文中提到的时间管理，将时间划分为很多细小的"区域"，找出其中的"空闲时间"，然后将这些"空闲时间"填满。这样做的目的是"不做无用功"。通过找出那些"做不做都行"的事并且将其删除，可以更有效率地去做那些"必须做"的事情。但是，这样的"不做"列表完全是为"要做"列表服务的，不但无法阻止"要做"列表的无限增加，甚至还起到了推波助澜的作用。

这似乎被称为"职场精英的'不做'列表"。接下来让我们看几个出现在商业杂志中的例子。

某证券公司 CEO 的"不做"列表中最重要的一条是"不和会夺走自己的时间与能量的人交往"。

某个以"重点是什么"为口头禅的 IT 企业社长，只进行能够直接实现目标的最重要的活动，除此之外一概不做。比如，对他来说每天早晨挑选服装搭配就是时间的浪费。为了节约这个时间，他会将自己喜欢的服装搭配拍成照片贴在衣柜上，然后每天早晨看着照片搭配衣服。

还有其他提高工作效率的"不做列表"。比如，不和同事闲聊，不在等车的时候发呆，不随意外出，不一个人吃午饭，同一个邮件不读两遍，不打电话（用邮件解决），不看电视剧（反正积攒下来的电视剧到最后也不会看），不浪费上厕所的时间（在厕所里放杂志，读完后贴标签以便下次接着看）。

"不做无用功"的无用功是什么

"职场精英"们对于节约时间有着极大的热情。在他们的影响下，很多人明知道会招架不住，却还是会产生出"从今天开始我也不做无用功"的想法。但是这些人用不了多久，就会因为自己没能顺利地提高生产效率而感到苦恼。最终，他们会认为自己是个"没用的人"，陷入深深的自责之中。

我们在网络上侮辱他人时，往往会说对方是一个"没用的家伙"，这说明我们认为自己与对方不同，是"有用"的人。

那么，"没用"究竟指的是什么呢？

首先，让我们来了解一下罗伯特·肯尼迪的故事。罗伯特·肯尼迪是美国前总统乔治·肯尼迪的弟弟，1968年6月，他在被提名为下一任总统候选人的大会上遭到暗杀。而就在被暗杀两个月前，他曾经发表过一场演讲，对只顾提高生产力的社会严厉批判。

美国拥有世界第一的GNP（国民生产总值），但是在这个GNP中究竟包含着什么呢？肯尼迪对此提出了严肃的质问。在GNP的列表之中，包括香烟、酒、毒品、离婚、交通事故、犯罪、环境污染、环境破坏等所有的一切。

"还有战争中使用的燃烧弹、核弹头，警察的装甲车、来复枪、匕首，以及为了向孩子们推销玩具而礼赞暴力的电视节目。"

肯尼迪随后列举了不被排在GNP列表中的内容。

"孩子们的健康、教育的质量、游戏的乐趣，这些都不在GNP之中。还有诗歌的优美，人民的智慧、勇气、诚实、慈悲……"

于是他得出这样的结论：

"正因为用GNP来衡量一个国家的财富，所以我们的生存价值才如此不受重视。"

不被排在GNP之内，换句话说，就是从经济的观点来看属于"无用功"。

因此，我们必须特别警惕"不做无用功"的思想。或许我们的人生价值，就存在于家庭的和睦、朋友的聚会、享受美食的时间、开在路旁的野花等看上去平淡无奇的事物上面。

普通人的"不做"列表

还有一点需要注意的是,在"职场精英"的"不做"列表背后,往往有作为替代品的"要做"列表,而为了完成其中的内容,需要各种各样的道具和器械。

所以"职场精英"都喜欢高科技。他们乐此不疲地使用最先进的机器来节省时间。但他们节省下来的时间,当然不是用来悠闲度日,而是为了接连不断地增加"要做"列表中的内容。电脑、智能手机、电子书、SNS(Twitter、Facebook、LINE等)……他们为了不浪费坐飞机的时间,一定会选择商务舱,因为在这里可以利用最新的工具高效地完成工作。同时他们还会准备隔噪音的耳机。

这样一来,他们"不做"的事情越多,"要做"的事情也随之增加。为了不断地获得最新科技的器材,需要大量的金钱和时间。而为了获得更多的金钱,就必须更加努力地工作。即便他们可能会通过工作赚取大量的金钱,但按照这样的势态发展下去,他们也没有时间将这些金钱用在"想做"的事情上面。这样得来的富裕生活有什么意义？如果有钱却不能做自己"想做"的事，那么我又何必要成为"职场精英"呢？或许拥有这种想法的人不止我一个人。

不如我们就做一个"普通人"。让我们来建立一个"普通人"的"不做"列表，这才是真正能够减少"要做"列表内容的"不做"列表。

就像那个著名的江户笑话所讲的一样，一位老者批评一个不愿意工作的懒惰年轻人。

老者："一个有志气的年轻人，不应该起来劳动吗？"
年轻人："起来劳动会怎样？"
老者："劳动就会有钱赚啊。"
年轻人："赚到了钱会怎样？"
老者："就会变成有钱人啊。"
年轻人："变成有钱人会怎样？"
老者："变成有钱人就可以每天都躺着睡大觉了啊。"
年轻人："我现在就每天都躺着睡大觉啊。"

（《多田道太郎著作集4·懒惰的思想》）

这个故事很好地阐述了蕴含在"不做"之中的神奇力量。摆脱效率和竞争，不被"要做"列表束缚，建立更加自律的"不做"列表。从为了更加富裕的生活而不得不牺牲幸福的"要做"列表，转变为追求幸福人生的"不做"列表。

道教的无为

或许有人不赞同建立"不做"列表的想法,因为他们认为"不做"的思考方式是向后看。"要做"是积极的、肯定的,"不做"则是消极的、否定的。所以"做"比"不做"更好。似乎绝大多数人的心中都有这种想法。

但我认为,正是这种思想,我们的人生才变得艰难,让这个世界产生出各种各样的问题。关键在于,找出"不做"之中所具有的肯定、积极的一面。

这时候就需要道家的创始人老子登场了。要说起"不做",首先想到的肯定是老子的"无为",也就是"不做",正是道家哲学的核心思想。让我们来看看,加岛祥造是如何用"被称为创造诗般的超级意译"来翻译老子的思想。

老子(以及加岛)对"无为"是这样解释的。"无为"并不是"什么也不做",此外还有:

不做多余的事。

不要小聪明招惹事端。

（加岛祥造《道家——老子》）

那么什么是老子认为的"多余的事"呢？老子的《道德经》就属于一种"不做"的列表，其中包括以下内容。这就是2500年前的"不做"列表！

1. 不过度思考。（众人皆有以，而我独顽且鄙。）
   这个世界上的人都思考过度。
   停止思考，保持自身内部的平衡。（第二十章）
2. 不急躁。（企者不立，跨者不行。）
   为了追赶别人而大步赶路的人
   反而走不了多远。（第二十四章）
3. 不选择。（常善救物，故无弃物。）
   不选择一个而放弃另一个。
   也不只选择好的事物。（第二十七章）
4. 不逞强。（鱼不可脱于渊，国之利器不可以示人。）
   亮兵器，耍威风，都不能持久。（第三十六章）
5. 不贪图别人的东西。（祸莫大于不知足，咎莫大于欲得。）

贪图别人的东西是一切错误的根源。（第四十六章）
6. 少说、少听、少看。（知者不言，言者不知。）
   聪明人向来少说、少听、少看。
   甚至下意识地控制自己的嘴巴、耳朵和眼睛。（第五十六章）
7. 控制情绪。（和其光，同其尘，是谓玄同。）
   控制自己的情绪，就算被别人轻蔑也毫不在意。（第五十六章）
8. 消除杂念。（见素抱朴，少私寡欲，绝学无忧。）
   要知道我们心中的本性，原本就没有私欲杂念。（第十九章）
9. 不斗争。（是谓不争之德，是谓用人之力，是谓配天古之极。）
   "不争"本身就是一种力量。用"不争的力量"来管理别人，可以激发出人真正的能量。（第六十八章）

由此可见，老子的"不做"并不是单纯的否定，而是发挥了阻止"要做"无限增加的作用。

我不是说要人自我否定，或者禁欲。

只是要知道适可而止。

然后，通过"不做"的减法，可以使我们重新找回自我，发挥出自身与生俱来的活力。

只有知足的人，才能认识到自己人生的丰富。

"要做"经常会使人感觉不满足。而"不做"给人带来的"知足"，才能够使人对自己的人生感到满足。

"不做"和"在做"

本书的开头为大家介绍了长田弘的诗歌中出现的"颠倒的国家"。老子也有一个与之很相似的"相反"思想。

>道家的思想,和很多人的思想是相反的。
>明明是亮的,看起来却显得昏暗。
>明明在不断前行,看起来却像是原地不动甚至倒退。
>明明是平坦的大道,看起来却如同坎坷不平充满险峻的山路。(中略)
>明明是能够实现一切的力量,看起来却一无是处。

虽然乍看上去,"要做"是积极的,"不做"是消极的,但实际上却完全相反。这就是老子的思想。

如果把"要做"给"颠倒"过来是什么呢?很多人都知道"做"的否定是"不做"。但我们来想一想,比如"起床"的否定是"不起床",但实际上并不存在"不起床"这种行为,存在的只有"睡觉"这种状态。所以"起床"的反面是"睡觉"。"上学"的反面不只是"不上学",而是没去学校或去了别的地方做什么的一种状态。也就是"开心地游戏"或者"生病休息"或者"闭门不出",等等。

这样说或许更容易理解。如果"要做(do)"的反义词是"在做(be)"。那么"不做"实际上就是"没在做",所以"不做"列表就是"在做"列表。

我在前文中提到,这个社会普遍认为"要做"是积极向上的,"不做"则是消极落后的。换句话说,就是只重视"要做",却彻底忽视了"在做"和"存在"。

或者可以更进一步这样说：在一切都以"要做"优先的社会中,"不做"列表的作用,就是让人认识到"在做"和"存在"的重要性。

老子告诉我们要"无为"。只有停止"要做"的想法,你才能够从对未来的不安之中解脱出来,享受你已经拥有的一切。这就是一种财富,一种幸福。

"要做的国度"颠倒过来就是"在做的国度"。

专栏："不做"的名言集一

不向别人借钱，也不借钱给别人。

> 借钱给别人会损失朋友，向别人借钱会失去节俭的精神。
> ——莎士比亚《哈姆雷特》
> 松冈和子译，筑摩文库

不要急躁。

> 绝对不要急躁。
> 因为一切都遵循着宇宙的法则。
> 很快你我都将消失得无影无踪。
> ——马可·奥勒留《沉思录》
> 神谷美惠子译，岩波文库

不用和别人一样。

> 不用和别人一起笑，也不用附和别人。
> 不用穿和大家一样风格的衣服。
> 你就是你，这样就好。
> ——帕特·帕尔默《爱自己》
> eqPress 译，径书房

不对人有所期望。

不要依赖他人。

愚蠢的人才过分依赖他人,因此才会产生憎恨与愤怒。

——兼好法师《徒然草》

第二章

给"不做"的事情列个表

或许很多人不知道应该如何建立"不做"列表。让我们从日常生活中的事情开始吧。

不说"绝对"

在建立"不做"列表时,关键在于避免使用"绝对"这个词。不要说"绝对不做"。甚至可以说,"不做"列表的成功与否全在于此。

本来"不做"列表就是作为我们对"要做"列表的抵抗而产生的。"要做"列表不断增加,不断地对我们施加压力,最终使我们精神崩溃。这是我们无论如何都想要阻止的事情。

而我们最有效的反抗手段,就是采取"不执着"的态度,因为"要做"列表对于我们来说是"绝对要做"的列表。但如果我们针锋相对地用"绝对不做"的态度去面对,肯定不会得到理想的结果。绝对与绝对的碰撞,是双方正面的力量比拼，只会使你产生更大的压力。

在北美生活了十几年又回到日本之后，我建立了一个"不做"列表。其中之一就是"不买车"。我长期生活在汽车社会之中，虽然深知汽车的便利，但同时也对依赖汽车给生活带来的麻烦深有感触。

我虽然没有车，但我买的房子却带有一个车库。几年前，我在一次长途旅行归来之后，在车库门前种了一棵我最喜欢的金木樨树。

也许有人会说，你这种行为不就相当于表明"绝对不买车"的决心吗？但我并没有说"绝对"。如果有不排放二氧化碳、不会对环境造成负担的汽车，我大概会考虑买一辆，或者我自己或家人有用车的必要，那我也会买车。到时候，我要么将已经长大的金木樨移植到别处，要么挥泪将它砍掉。这也是人生。

总之，关键在于从"要做"的强迫症中摆脱出来。将"要做"和"必须做"视作眼中钉，用"绝不！"来反抗只能取得相反的效果。所以我们不说"绝对"，而是用其他暧昧的说法来代替，只要最终与实际的"不做"联系到一起就行了，比如"可能不做""不做也行"之类的说法。

反之，使用"或许会做""做也可以""试着做"之类打开通往"要做"可能性的道路也不错。

不管怎样，我们要明白"要做"和"不做"之间并没有绝对的区别，因为本来人生就没有绝对。

不要担心，"要做"和"不做"之间的界限越模糊，你的"要做"列表中的内容就会越少，你的负担自然也会随之减轻。

提示：首先在日常对话中就不使用"绝对"这个词。一旦不小心说出"绝对"这个词，马上用"或许""大概"之类的词加以混淆。另外，像"非常""超级""特别"之类用于强调的副词最好也不要乱用。

不依赖手表

你的人生由两种时间组成：一个是戴手表的时间，一个是不戴手表的时间。两者之间的区别有两重含义。比如，即便你有手表，但在同一天中你有戴手表的时候，也有不戴手表的时候。而在一周之内，你有戴手表的日子，也有不戴手表的日子。另一种含义在于，有手表并且天天戴在手上生活的时代，和没有手表生活的时代。

我是在加拿大的蒙特利尔生活时，忽然意识到关于手表的问题。在我的印象中，那时候在那个城市，戴手表的人和不戴手表的人基本上是一半一半。按理说，即便是不戴手表的朋友，也和我们一样都是遵循相同的时间规律来生活。但实际上，戴手表派和不戴手表派之间，从性格到言谈举止再到价值观，都有着非常大的区别。因为我非常赞同后者的慢节奏、轻松宽容的生活方式，所以我从在蒙特利尔的时候开始就不再戴手表了。

23年前，为了人生中第一次正式工作而回到日本的我，第一时间买了一块简单便宜的日本产手表。后来虽然换了好几次表带，但我一直带着这块表。我刚回国的那几年对手表的依赖度还很低，甚至有时候出门都会忘记戴表，但最近这几年每当我把表忘在家里的时候，都会感到非常焦躁。我发现自己在不知不觉中变成了戴手表派，不免心中产生了不安。

几个月前，我这块手表的表带又断了。于是我将手表放进牛仔裤的口袋里准备去表店换一个表带。一开始的时候，每当我想看手表而将手伸进裤子口袋里的时候都会感到非常焦躁，甚至会因为牛仔裤的口袋太小而气愤不已。但是，时间能够解决所有问题。我逐渐习惯了手腕上没有手表的感觉。首先，我因为对从口袋里掏手表感到麻烦，索性放弃了去看时间的想法。然后，我开始感觉自己不需要准确地掌握时间，接着我甚至忘记了我将手表放进口袋里这件事。最后，能够完全接受这一现状，令人怀念的蒙特利尔生活时期的那个我又回来了。

就像你带着手表时习惯争分夺秒一样，你摘掉手表后也会更加珍惜时间。这一定会使你的人生变得更加丰富多彩。

我有一位不丹的朋友，他在日本逗留的时候经常这样说："日本人很忙，总是说没时间。日本人虽然能够制造出全世界最好的手表，但是却没有最关键的时间。不丹人虽然做不出手表，但时间很富裕。"

提示：首先，回家后立刻摘掉手表。休息日不戴手表。习惯用手机看时间的人也养成不看手机的习惯。给自己指定一个"没有手表的日子"（No Watch Day）。如果害怕约会迟到，就稍微早点到。

不浪费上厕所的时间 1

时间管理术的专家们似乎对上厕所的时间非常重视。比如《速度整理术——让工作速度提高三倍的技术》的作者大桥悦夫，介绍了一个彻底消除无用功的技术，那就是"不要虚度上厕所的时间"。他建议在厕所放一些杂志，在看完的地方贴一个标签，这样下次上厕所的时候可以接着看。

这些效率专家连上厕所的时间都要用时间管理和生产性的理论来加以分析，实在是太可悲了。

我认为，排泄的时间对于作为生物的人类来说，具有左右人生方式的重要意义，是非常重要的时间。而将这个时间看作"空闲时间"，认为只有利用起来做其他事情才有意义，这是对生命的大不敬。

确实，"不能浪费上厕所的时间"。但我所提倡的是与效率专家所说的完全不同的概念，那就是"珍惜上厕所的时间"。

人类在这一生中究竟要上多少次厕所，总共会花费多少时间？时间管理者们专门对此作了计算，得出的结论是"极大的浪费"。

那么，我自己又是如何利用这漫长时间的呢？回首自己的人生，我曾经在很长一段时间里四处搬家，不知道住过多少个房子。当然每一个房子里都有厕所。另外我还进行过很多次旅行，不知道使用过多少次公共厕所，甚至还有在野外方便的时候。我过去在各种厕所里看到的窗外景色如同走马灯一样在我的脑中闪过。

小时候我很害怕厕所。因为厕所里面很臭，我从来不想在里面待太长时间。即便如此，发现厕所里换了一瓶新的花束时，心里还是会感到一阵小小的喜悦。后来，我在休学旅行去京都和奈良的时候开始对佛像产生了兴趣，于是我回来之后开始在厕所里挂佛像的照片，每个月都更换。现在想来，那或许是改变我与厕所关系的转折点吧。

在我现在住的房子的厕所里，曾经摆过一个喜马拉雅的牧民经常挂在胸前的迷你佛像。恰巧就在那时，坚信我们是前世兄弟的不丹朋友来到日本，住在我家。后来大概过了一个月左右，他忽然从不丹打来电话，拜托我把那个

佛像拿出厕所。他说："自从在你家厕所里看到那个佛像之后我就一直很在意，昨天佛像终于托梦给我了。"（继第四章）

提示：在厕所里摆一瓶花束，或者自己喜欢的石头、鸟的羽毛、贝壳之类的摆件，还可以贴上自己喜欢的画、照片、明信片之类的东西作为装饰。如果在厕所里看书或者杂志，也应该尽量避免与工作有关的内容。也可以试着给厕所里的墙面漆和壁纸换个颜色。试着改变你和厕所之间的关系。

不用一次性用品

"不使用一次性筷子"在我的"不做"列表中已经存在十五年了，关于这一点，我相信自己也算是前无古人了吧。所以我想对打算从今天开始就这样做的人说一句话，那就是："不使用一次性筷子。"这个"誓言"虽然看上去很简单，但要坚持下去却非常困难。因为在日本，一次性筷子非常普及。从路边的荞麦面店，到高级的日本料理店，都是一次性筷子。你买盒饭的时候，肯定也会附送一双。

一般情况下，食堂里都会准备好一次性筷子。就算你在提包或者口袋里随身带了自己的筷子，但在众目睽睽之下将这双筷子掏出来，也需要一定的勇气。

考虑到每天要吃好几顿饭，所以至少要随身携带两三双筷子。有时候一起吃饭的人没带筷子，你可以借给他。到家之后第一件事就是将筷子和装筷子的包洗干净。而且要养成出门时不忘随身携带筷子的习惯，可能也需要几年的时间。

怎么样，"不做"相当麻烦吧？为了实现一个"不做"，竟然出现了这么多的"要做"。

正如我前面说过的那样，关键在于不要说"绝对"。一旦你说了"绝对"，却由于某些原因不得不打破这个誓言，一下子就会变得意志消沉，产生出"果然我做不到"的自责心理，最终自暴自弃地说："算了，不做了。"

几年前，我去一家常去的荞麦面店吃饭时忘了带筷子，想要借用店里的筷子却遭到拒绝。就在我犹豫再三打算使用一次性筷子的时候，店老板忽然递给我一双崭新的筷子。后来我才知道，这家店老板知道我从来都是自己带筷子而不用方便筷子，所以专门派人去附近买了一双筷子回来给我。后来我再去这家荞麦面店的时候，店老板很热情地递给我一双筷子，并且对我说："本来打算停用一次性筷子，但因为有的客人说荞麦面很滑，用普通的筷子不好夹……"但是隔了一段时间我再去的时候，惊讶地发现这家店已经全部用普通筷子取代了一次性筷子，并且在墙上贴了一张告示：需要一次性筷子的顾客请索取。

习惯了不用一次性筷子，接下来就会拒绝使用一次性纸巾、饮品附送的吸管、一次性纸杯上面的塑料盖。被迫去星巴克这样的咖啡店时，热饮自不必说，就算是冷饮也要求店员装在马克杯里。不管是食物还是饮料，都先判断可能产生的垃圾然后再决定是否购买。我不喝塑料瓶饮料的原因之一就在于此。

有人称我为"环保主义者"，也有人反驳我说："一次性筷子使用的都是残余木料，使用一次性筷子对环境没有影响。"最开始我还会说："97%的一次性筷子都是用从中国等国家进口的木材制作的，日本一年使用的一次性筷子高达250亿双，能够建造两万户木制住宅！"

但实际上，我并不是为了环境问题而拒绝使用和购买一次性用品。应该说，在考虑是否环保这个问题之前，我本身就对"一次性用品"有抵触情绪。人类生产出来的任何东西，可以说都是一种设计。而"一次性"不管怎么看，都称不上是一种优秀的设计。

如果经常使用这种一次性的用品，恐怕对周围的人和环境都会有"一次性"、用完就扔的态度。最终，就连自己也会变成一次性的东西。

不用一次性用品。拒绝使用塑料袋。要彻底贯彻这个观点并不容易,所以一开始可以循序渐进。任何事都一样,"不做"的关键在于不能急于求成。用不了多久,"节俭的精神"就会在你的心中苏醒,使你的心情非常舒畅。环保主义指的就是这种心情上的舒畅。

提示:8月4日是什么日子?没错,就是日本的筷子节。这一天是日本的情人节,相爱的人互相赠送筷子。如果是自己做的筷子或者自己缝的筷子袋,那就更好了。

不赶车

永六辅有一次忽然决定以后自己再也不赶车。乍看上去似乎只是微不足道的小事,但我却在其中直观地感受到了永先生的美学意识和智慧。于是我也立刻在自己的"不做"列表中加入了"不赶车"这一项。

永先生说,自从他做出了这个决定之后,在目送电车离去的时候会产生一种深深的满足感。但我在实际尝试过之后发现,"满足感"这个词完全不足以形容当时心中的感动,简直就像和之前发生了180度的大转变一样。实际上,我们以前并不是因为没赶上电车而懊悔,我们懊悔的是自己没赶上车的狼狈模样被暴露在世人的面前。

而当我决定不再赶车之后,目送着只要快走几步就能赶上的电车离去的时候,我发现了一个崭新的自己。这种喜悦,远远超过急急忙忙地赶上车后的那种满足感。

为了不赶车也不错过电车,我们可以稍微提前一些出门。而且像东京这样的地方,一趟车走了,下一趟车很快就会过来，所以就算晚一会儿也没关系。我们可以把等待下一趟车的时间，看作是上天赠送给我们的小礼物。这样我们就会放弃"争先恐后"的想法，更容易去礼让别人。

如果实在没有事做，可以看看报纸和杂志，构思一个俳句也不错，还可以想一想今天接下来要做的事情。不管怎样，这都是比赶上电车节省下来的时间更加有价值的时间。因为急急忙忙、慌慌张张地获得的时间，不可能变成安稳优雅的时间。这和"不义之财不长久"一个道理。

请回顾一下自己的人生，然后问一问自己："我之前度过的这段人生是不是好像在赶车一样？"

就算是，也不必自责。因为我们所生活的这个社会，就像是一辆不断将你送向前方的特快列车。而"误车"是绝对不被允许的。或许有人会说，只要早点出发提前赶到车站就行了。但这样做，也会使你所搭乘的列车的出发时间越来越提前，所以你总是只能勉强赶上。这就是不断加速的竞争社会。在这里，所有人都没有闲暇的时间。人们甚至无法分辨自己究竟是真的忙碌，还是感觉忙碌。

在这样的世界里，你能做的最好的选择，就是掌握"随遇而安"的技巧。从不赶车开始,不追电视剧、不赶着去开会、不赶工、不牵扯麻烦的人际关系、不追名逐利。

就连恋爱和结婚也应随遇而安。不必担心,机会总会有的。而像赶车一样的恋爱和结婚,往往并不会幸福。

只要目送一辆车开走,就可以摆脱赶车的人生。

提示:让每天的生活都有宽裕。这个关键在于早睡早起,古人所说的话非常有道理。

不吝啬睡眠时间

"不眠不休""废寝忘食""通宵达旦"这些都是在歌颂勤奋的传统中频繁出现的词语。这种勤奋的思想随着时代的变迁一直流传下来，在现今社会中仍然大行其道。人们将"空闲时间"都利用起来之后，又开始打起"寝食"的主意。也就是说，吃饭和睡觉都要效率化。

不眠不休，意味着连睡觉的时间都不能浪费。

所以，那些被"要做"列表压得喘不过气来的人，总是想着如何压缩睡眠时间好去做更多的事情。然后为了保持健康，拼命地寻找能够弥补睡眠不足的其他手段，甚至有不少人为此专门写过很多书。但在我看来，要是有那个时间，为什么不干脆多睡一会呢？

据说很多人都因为睡眠不足而苦恼。但在这个世界上，有人因为睡不着而苦恼，有人因为没时间睡觉而苦恼，也有人为了如何减少睡眠时间而苦恼。乍看上去这些是完全相反的苦恼，但归根结底却是同一个原因造成的。那就是

"睡觉＝什么也没做＝浪费时间"这种消极的思维，以及"不浪费睡觉时间"的效率主义价值观导致的现代社会的文化贫困。

时间管理术和时间整理术都声称要重视睡眠，但实际目的却是为了在商业活动上能够有更好的表现。仍然没有摆脱"要做"的基本思想。

与之相对的，我们首先应该将睡觉从"要做"列表中删除。为什么呢？因为我们不是为了其他什么目的而睡觉。所以"睡觉"不应该放在以取得某种成果为目的的"要做"列表之中。我们不为别的，只是为了睡觉而睡觉。

睡觉可以使我们充分享受"不做"的愉悦与祥和，还能够使我们疲惫的身心得到痊愈，让我们充满活力。

> 像花朵绽放一样
> 在充分的睡眠之后
> 缓缓醒来
>
> （《像花朵绽放一样》，高村光太郎）

为了睡觉而睡觉。这样获得的舒适睡眠，可以给我们带来很多意想不到的效果。

15年前，我参加在京都举办的一次面向年轻人的会议，第一次见到尊敬的思想家萨提斯·库玛。在第二天早晨的讨论会上，他这样问道：

"大家早上好，昨晚睡得怎么样？你们知道睡觉的重要性吗？"

接着他讲了这样一个故事。很久以前，波斯的国王问一个贤者，自己应该做的最好的事情是什么。贤者只说了一句话"睡觉"。国王很惊讶，他说自己要做的事情堆积如山，应该废寝忘食地工作才对。贤者却这样回答道：

"陛下，您睡得越多，压迫就越少。"

库玛先生又继续说道：在现代世界，这个故事中所说的波斯国王，就是生活在美国、欧洲和日本的人们。实际上我们现在的生活就如同国王一样奢侈，而这种奢侈正在压榨着世界上其他生活在贫困国家的人们。如果生活在发达国家的我们能够多睡觉，减少经济活动，那么经济上的压迫也会随之减少。我们睡得越多，斗争就越少，环境破坏也越少。

提示：不要减少睡觉的时间。度过人生三分之一时间的卧室也应该尽可能简洁。没有任何事比睡觉更重要。睡觉前两小时不要吃东西，也不要喝东西，最好也不要用电话和电脑。

不看电视

不论好坏,电视对我们现代人的生活甚至思考方式都有着极大的影响力。在这里我不想讨论电视究竟是好是坏,我只想说,我们不应该过多地"被电视左右"。

根据一项调查,现代日本人看电视的时间从80年代末开始逐渐增加。平均来看,每天看电视的时间是3小时46分钟(地方台2小时47分钟,NHK 59分钟)。这是所有年龄层的平均时间。让我们来计算一下,假设人的一生有80年,每天按照这个时间看电视,那么我们一生的12年半都是在看电视中度过的。其中看地方台的商业广告的时间是1年9个月。

企业支付高额的广告费,宣传自己公司的商品和服务。他们为什么要这样拼命地做宣传呢?因为如果不宣传就卖不出去。广告的作用,就是将不必要的东西宣传成必不可少的东西。而我们只有一次的宝贵人生中的1年9个月,都在看这些东西中度过了。

我们被电视左右的，不只是看电视的时间。在我们看电视节目的这12年半的时间里，电视向我们灌输了很多信息，这可能会改变我们的生活方式、购物种类以及娱乐习惯。而我们在电视的刺激下，会不断产生出新的需求，欲望也会越来越大。

为了满足这种需求和欲望，我们只能更加努力地工作。这自然使得我们的社会经济更加快速地增长。由此可见，电视对我们的影响远远不止12年半，或许我们的大半生都在电视的影响之中度过。

我家里也有一台电视，但是我的孩子们却很少看电视。起因是在他们念小学的时候发生的一件事。放暑假的时候，我们全家一起回到以前生活过的加拿大西海岸度假。当时我们借住在当地的朋友家里，每天都在海边和森林里游玩。朋友家里没有电视，于是连语言都不通的孩子们从早到晚一起玩游戏，有时候也会唱歌跳舞，乐此不疲。

等我们度假结束回到日本之后，我和孩子们约定一年之内不看电视。我大概是被朋友一家没有电视的生活方式感染了吧，于是我立刻用一个帘子把电视盖了起来。过了一阵子，孩子们回过神来发现问题的时候已经来不及了。虽然他们上学时偶尔会跟不上同学们的对话，但很快就适应了这种情况。他们的同学和朋友似乎也适应了他们不看电视这一情况。

快到一年的时候，我问孩子们今后打算如何与电视相处。他们得出的结论是："在接下来的一年中，只在周末看一次电视。"后来连续几年，他们都这样说。我们并不是讨厌电视，只是因为我们拥有比看电视更重要的"想做"和"要做"的事情，大家为什么会有看电视的时间呢？

提示：家里有一个电视就足够了。但在吃饭的时候要关掉，可以听一些喜欢的音乐，听收音机也是不错的选择。

吃饭时不谈工作

那些因为"要做"列表而疲于奔命的人，最终的选择往往都是"废寝忘食"，也就是说，在如何实现睡觉和吃饭的效率化上想办法。因为太过热衷于工作，所以他们就连吃饭的时间也不放过，早餐会、午餐会、商务晚餐。这些都是为了兼顾工作又不浪费吃饭时间。

当然，这并不是什么新鲜的想法。人们认为吃饭的时间是一种浪费，必须尽可能地利用起来，使其更有效率。人们还认为只要能够摄取足够的营养和热量，吃的东西越便宜越好。快餐就在这样的想法中诞生了。1980年以来，受食品和农业的全球化的影响，快餐连锁店开始出现在世界的每一个角落。

企图抵抗这股巨大的快餐浪潮的人们，在意大利的一个小镇开始了慢食运动。

说起慢食，大概人们首先想到的，是在高级料理店里花费大量时间享受美食这样一种奢侈的行为。

但实际上慢食就是对吃饭不敷衍。英语中常说："You are what you eat."意思是说，你的存在是由你"吃什么、怎么吃"所决定的。

食物就是生物。吃饭，就是用其他生物的生命来养育自己。吃饭的时间，就是通过其他的生命，将自己的生命与大自然连接在一起的时间，也是在围绕着食物的所有人际关系之中认识自己的时间。与自己的存在有关的各种缘分都凝聚在"吃饭"之中。

快餐不只是节约时间的"快速吃饭"，同时也是你与世界相连的一种表现方法。效率化的结果，是将你生命的时间压缩到极限。如果总是吃那些不知道从哪个世界运来的快餐食品，恐怕你也很难将自己的生命孕育得更加丰富、更加有价值。

我将"不应该做"和"需要注意不去做"的事情放在一起说。

不狼吞虎咽，不一边吃饭一边做别的事情，吃饭时不弯腰弓背，不参加早餐会、午餐会、商务晚宴，不剩饭，不暴饮暴食，不去快餐店，不在便利店买食物。

但也不必过于紧张。吃饭是我们快乐的来源，受到太多"不做"的限制，会使我们忘记吃饭的快乐。慢食的目的，其实就是将那些被我们遗忘的吃饭的快乐一个一个找回来。我们生活在这个世界上，不就是为了悠闲地享受美味的食物吗？

请仔细地想一下，你究竟是为了工作而吃饭，还是为了吃饭而工作？当然不管怎样饭还是要吃的。既然如此，为什么不悠闲地享受美味的食物，过一种更优质的生活呢？

提示：正如慢食运动所提倡的那样，要珍惜自己的生命，享受悠闲的生活。就算是无法一下摆脱快餐习惯的人，也可以在每次吃饭前先做一个深呼吸，然后细嚼慢咽，仔细品尝食物的味道。

不用自动贩卖机

结束14年的海外生活回到日本时，最让我不快的就是自动贩卖机。我不在的这段期间，自动贩卖机的数量成倍增长，20世纪末甚至突破了500万台。在日本这么狭窄的街道上，自动贩卖机那庞大的身躯实在无法被我的美学意识所接受。

我回国后不久便认识了一位外国友人，他说自己骑车上街的时候，会突然想去拔掉自动贩卖机的插头。我从没亲眼看他这样做过，或许他只是在开玩笑吧，但我非常理解他的心情。

据说日本平均每25个人就有一台自动贩卖机。作为一个幼儿园和养老院都严重不足的国家，偏偏只有自动贩卖机不用排队，这简直是个笑话。日本全国的自动贩卖机一年的销售额高达5万亿日元，对世界排名第三的GDP（国内生产总值）真是作出了极大的贡献。

自动贩卖机究竟会产生多少垃圾？这些垃圾又都去向哪里？为了生产饮料瓶子需要消耗多少能源？生产饮料的水又从何而来？饮料中的糖分、添加物都有多少？而最关键的问题在于，自动贩卖机不美观，特别是在乡下的夜晚将周围照得灯火通明的时候。当家里突然来了客人，主妇跑到附近的自动贩卖机购买啤酒和饮料，用围裙兜着往家走的场景十分常见。我在乡下生活的时候，记得经常能听到主妇说"多亏有自动贩卖机，真方便啊"。而像过去那样在茶室或外廊陪客人一起坐着喝茶，聊些家长里短的"不便"已经消失。或许这也是人际关系的一种疏远吧。

所以我抵制自动贩卖机。虽然我没有和那个外国友人一样拔掉自动贩卖机插头的想法，但我至少可以出门时自己带一个水杯。一天少买一瓶自动贩卖机的饮料，一年就是 365 瓶。我已经坚持了 20 年，也就是少买了 7500 瓶。换成钱的话，节约了大概 100 万日元，我家 4 口人合计就是 400 万日元。另外对能源节约和二氧化碳的减排所作出的贡献也不容忽视。在随身的水杯里装上自己喜欢的饮料，不但心情舒畅,对健康也很有好处。

  提示:请自备水杯。在日本福冈县的博多方言里,"水杯"和"我爱你"同音。不使用自动贩卖机的环保主义生活方式,一定是充满爱的生活方式。

今天不做明天的事

中南美洲人有一句俗语，叫做"今天不做明天的事"，甚至还有"今天的事明天做"的说法。但当地人在说这些俗语的时候，似乎表情都不是很严肃，给人一种半开玩笑的感觉。或许，他们也知道这种说法与现代资本主义世界的常识格格不入吧。毕竟他们的这种说法，和那个因提出"时间就是金钱"而著名的本杰明·富兰克林给资本主义世界留下的名言"明日事今日毕"是完全相反的。

要理解这句话，首先要理解"明天"对中南美洲人所具有的重要意义。

20世纪60年代，日本有一首歌曲非常流行，名字叫做《总会有明天》。现在回忆起来，这仿佛是那个经济高速增长时代的主题曲，但这里的"明天"和中南美洲的"明天"，却并不一样。

中南美洲人在表示"这件事明天做"或者"明天的事明天再想"的时候，总会说"manana"。他们这样说的时候，表达的意思是与明天的事情相比，今天的事情更重要；与后面的事情相比，现在的事情更重要。为了享受当下的幸福，把今天多余的事情放到明天去做，就是这样一种人生态度。在"manana"之中，蕴含着一种不要因为未来而牺牲"现在"的强烈意愿。

而与之相对的，"总会有明天"则缺乏享受"现在"的意思，就好像在说"今天并不重要，关键在于明天"，今天只是被明天超越的对象。在这种情况下，今天只是通往明天的手段，或者说"现在"只是对未来的一种投资。

但"享受现在"和"只要有现在就足够了，未来怎样都无所谓"的想法也是完全不同的。刹那主义认为即便牺牲未来，也要享受现在。乍看上去是对现在的强烈肯定，但实际上，在只有通过否定才能够得到肯定这一点上，和"总会有明天"其实是一样的。

正因为能够无条件地接受"今天"的自己，所以才会有明天的自己。正因为准备拥抱明天的自己，所以才会有"今天"的自己。也可以这样说："今天"的真正意义，不只在于"要做"，更在于"在做"。

现代社会建立在无数的否定之上。其中特别重要的就是对"现在的自己"的否定，对"存在"的否定。教育也好，媒体也好，都在向我们灌输"现在的自己并不完美"的思想。这种思想往往是这样的："做人不能满足于现状。因为还有更好的明天，还有更好的未来在等着你。"

我们过于频繁地使用"努力"这个词，也是因为对"现在的自己"的否定。因为"现在的自己"不够完美，所以总有一天必须通过"要做"来超越现在的自己。在我看来，这种想法真是可笑至极。

爱因斯坦也这样说过：

"我不考虑明天的事情。因为明天马上就会到来。"

提示：九百年前西藏的圣人密勒日巴大师对别人提出的三个问题，也可以用来自问。这三个问题如下：

"最重要的时候是什么时候？"

"最重要的人是什么人？"

"最重要的事是什么事？"

你会如何回答呢？请一定要认真思考。密勒日巴大师自己的答案在75页。

专栏:"不做"的名言集二

不要依靠他人。

如想登高,必须靠自己的双脚!
不能靠别人把你抬到高处。
也不能踩着别人的后背和头顶上去!

——尼采《查拉图斯特拉如是说》

冰上英广译,岩波文库

不责备自己。

为什么要自己责备自己?
如果有必要,别人自然会来责备你。

——爱因斯坦《爱因斯坦名言150句》

平野圭子译,Discover21

不议论。

议论这种行为，不论重复多少次，都无法准确地分析出结论。

关键在于行动，而不是语言。

——莫里哀《唐璜》

铃木立卫译，岩波文库

不担心明天的事。

不要为明天忧虑，

因为明天自有明天的忧虑；

一天的难处一天当就够了。

——《新约圣经》（马太福音）

堀田雄康监修，讲谈社学术文库

73页密勒日巴大师自己的回答：

"最重要的时候是现在。"

"最重要的人就是现在在这里的人。"

"最重要的事是现在在这里的人做的事。"

第三章

"不做"的减法思维

减少东西，创造一个心情舒畅的空间

　　为什么要建立"不做"列表？为什么我们必须这样做？实际上这个问题的答案很容易发现。那就是因为"要做"的事情太多太多，我们对"要做"列表已经束手无策。任何人一天都只有 24 小时，每个人的人生都是有限的。在一定时间里（一天、一周、一个月……），如果堆积了太多的"要做"，就必须想点办法来解决这个问题。所以我们在"要做"列表的旁边建立一个"不做"列表，就好像在电脑上清理文件夹一样，将"要做"列表中的东西扔进"不做"列表之中。

　　但是，被我们放进"要做"列表中的内容，每一个看起来都很重要，肯定没办法轻易地舍弃。这时，时间整理术就登场了。为了让"要做"列表变得更加流畅，我们必须将这些重要的事情从每天都会出现的"要做"——也就是我们平时说的杂务、闲事之中整理出来。从时间整理的效率化观点来看，凡是没有放进"要做"列表的事情，都是多余的事情，是对时间的浪费，所以用在这些事情上的时间都是可以重新利用的时间。

这种观点看起来挺有道理，但实际上却是一个很大的陷阱。

让我们来比较一下时间整理和空间整理。假设在一定的空间里（房间、仓库、广场……）堆积了太多的东西，导致再也放不下其他任何东西，这种状况在英语中被称为"clutter"（杂乱）。对于居住在宽敞住房中的美国人来说"杂乱"都是一个大问题，对于生活空间极其狭小的日本人来说，这个问题就更严重了。于是空间整理术应运而生：贴标签、做档案、收纳的方法、存放空间的利用、整顿和扫除的技巧，等等。通过空间整理术，可以使杂乱无章的空间变得井然有序，确实是让人感到非常好的一件事。

这个时候有人对你说："既然整理出了空间，不如再买点新东西，把这些空间更有效地利用起来吧。"你会怎么样做呢？或许你会这样想：对啊，我正好一直想买一台大尺寸的液晶电视。前几天看广告上说，现在买的话还送很多积分。要是这样，你就掉进陷阱了。

空间整理的目的，并不是整理出空间，然后用更多的东西来把这些空间填满，而是通过减少东西，营造一个使自己的心情更加舒畅的空间。

同样，时间整理也不是为了节省出一定的时间，然后去做更多的事情。其关键在于减少"要做"的事，营造出一个使自己心情愉悦的时间。将"必须做"的事情分成"实际上不做也行"的事情和"想做"的事情，各自贴上标签进行整理，然后将那些不必做的事情扔进"不做"列表。

当然，在杂务、闲事之中，肯定也有清除后能够提高自身幸福指数的"垃圾"。这些确实应该被扔进"不做"列表。但是，不从"要做"列表入手，反而为了增加分配给"要做"列表的时间而减少杂务、闲事，削减睡眠时间、与家人团聚的时间，这样的做法完全是本末倒置。

现代人最大的问题——"要做"列表无限增加，其根本原因就在于"过剩"。就好像在有限的空间中堆积了太多的东西一样，我们也在有限的时间里堆积了太多"要做"的事情。这就是"要做"的事情过剩。

那么我们应该如何解决过剩这个问题呢？答案就是做

减法。空间也好，时间也好，整理的基本就是将堆积过多的杂物和杂务清理出去。

东西太多会让人感觉疲劳

我们之所以会想要拥有某种东西,是因为这个东西本身具有的功能或魅力,能够给我们带来某种快乐。所以,我们才会对这个东西产生出一种欲望。但仅凭这一点并不能完全解释"杂乱"这个问题。

首先,我们对东西的欲望是表里一体的。因为在我们所生存的这个社会中,只有拥有某种东西,才证明这个东西和你有关系。任何东西都被看做是"所有物",个人的东西、家族的东西、公司的东西、国家的东西,等等。比如,我将相机拿回我的房间,首先"房间是我的房间",然后"相机是我的相机"。正因为相机是我的东西,所以我必须把它放在属于我的空间(租赁来的也算)之中。如果放在其他的地方,那么这个相机就会被看做是"遗失物",甚至可能被别人据为己有。

相机只有在拍照的时候才用得上,除此之外的时间都必须占用房间中的空间来收藏,因为这是"我的东西"。

就算一年只拍照一次，或者五年只拍照一次也要如此。胶卷相机变成数码相机，数码相机又不断推出新的型号，性能出现变化，功能变得更多。你买了新相机的时候，旧相机的使用机会就更少了。等你注意到的时候，会发现房间里积累了很多相机以及说明书、电池、镜头之类的附属品。

发生在相机上的情况，也同样会发生在其他东西上。仔细观察一下你的房间，一定放着很多偶尔才能用得上的东西，或者不知何时能够用得上的东西吧。另外，肯定还有一些五年或者十年也用不上的东西。

让我们从心理学的角度思考一下"拥有"。我们在面对身无一物的自身时有着一种不安和恐惧，正是这种不安和恐惧驱使着我们去追求"拥有"带来的安全感。也就是说，我们对自己的无力感和不自信，引导着我们去追求拥有。当然，那些不断生产商品的产业，通过广告等商业媒体让我们感觉购买是一种义务，如果不拥有某种东西甚至会产生罪恶感。这就是不断扩大生产与消费的经济系统。

由此可见，我们身处的这个消费主义社会让我们绝对不能"满足于现在"，是一个自我否定的社会。对现在所拥有东西的不满和对自己的否定，正是消费主义社会能量的源泉。特别是"我的身体"，简直就是不平、不满、不安、不快、不便等负面因素取之不尽用之不竭的来源。正因为如此，消费这一行动才会如此的生机勃勃。"崭新的自己"就是消费主义社会最有力的宣传语。

仔细想想，这是多么的讽刺。本应是一个通往富裕和幸福的社会，实际上却是由自我否定和不幸构成的。

那么，我们应该如何解决杂乱的问题呢？又如何解决东西的过剩呢？整理术告诉我们的方法，就是接受真实的自己，充满自信和自尊地活下去。

整个地球都"要做"过剩

以通过风水术来对空间进行整理而闻名的凯伦·金士顿，提出我们现代人最大的问题之一就是"杂乱"。家庭中的杂乱同时也会涉及到人际关系的杂乱、身体中的杂乱，还有心中的杂乱。也就是说，家中堆积如山的垃圾，同时也与这个人的人际关系、健康状态、精神状态的危机有着密切的联系，或许很多人都对这个说法深有同感吧。

我也认为杂乱是导致很多社会问题产生的原因，比如环境问题，就是地球上堆积了太多垃圾所导致的。我们为什么要堆积这么多的东西？原因就是这个地球上的东西太多了，整个世界都处于杂乱的状态。

从我们身体中的空间到整个地球，到处都堆满了各种各样的东西。在我们的心中，充满了烦恼的事情、担心的事情、必须做的事情、想买的东西、想去的地方……

绝大部分描述空间的内容，同时也可以用来描述时间。就好像房间中的空间是有限的一样，你的一天也是有限的。

如果将太多的"要做"放入自己有限的时间，就会使时间也陷入杂乱的状态。也就是说，"存在的时间"被"要做的时间"取代了。

随着"要做"越来越多，"存在"也越来越被遗忘在角落之中。所谓的压力，大概指的就是这样一种状态吧。

走出"过剩"世界的方法

从我们个人的身心到整个地球的空间,我们周围的一切都处于"要做"过剩的杂乱状态。如果是老子和第欧根尼[①],他们一定会说"不要做多余的事"。话虽如此,要是我们能够简单地判断出什么是多余的事情,也就不会出现"要做过剩"的情况了。

很多人开始意识到,长此以往,世界肯定不堪"过剩"的重负。但不巧的是,我们的社会系统不只会造成过剩的结果,其本身就是建立在过剩的基础之上,完全就是一个将过剩作为本质所组成的社会。

虽然"要做"的事情多种多样,但对现代社会来说,最关键的"要做"就是"生产"。生产不能停止,生产出来的东西必须被消费。为了消费,就需要金钱;为了赚钱,只能花费时间。用赚来的钱购买商品,然后再将买来的东

---

① 古希腊哲学家,提倡犬儒主义哲学。——译者注

西存放起来。为了获得存放东西的空间，还是需要金钱。为了赚钱，只能投入更多时间去工作。工作的过程就是生产的过程，生产出来的东西又必须被消费。就这样反反复复，无穷无尽。我们每个人都是"生产"的奴隶。

我们必须将自己从"生产"的独裁之中解放出来。或许你会问："这是一场革命吗？"答案是肯定的。要想改变整个社会体系，当然并不容易，尤其对思维已经僵化在"要做"列表之中的人来说更是一种沉重的负担。但不要惊慌，我们可以从一点一滴做起。

首先我们可以试着在"不做"列表中加入这样的内容：不给那些在竞选时提出"这也要做、那也要做"等冗长的"要做"列表的人投票。特别是要让那些声称"恢复经济增长""加速经济增长""提高GDP"的"生产"主义者落选。

不买东西，也是对过剩生产的社会构成的有效抵抗。

在买东西之前，要仔细思考。这个东西我要放在什么地方，我要如何使用。如果无法找到令自己满意的回答，那么

> 你买这个东西只是增加一件"垃圾",应该立刻停止购买的行为。
>
> (《扔掉垃圾找回自己——风水整理术入门》,金士顿著)

或许你会产生出"如果经济不景气,工作就会不稳定"之类的不安。那么请你这样想一下:不景气的时候,自然也就不会生产那些多余的和不必要的东西,因此而减少工作是值得高兴的。

本来工作应该是将社会必要的"要做"总量平均地分配给所有社会成员(分工),我们应该回到这个原点上来。通过让社会成员平均分担必要的工作,我们每个人的工作量都会减少。或许收入也会随之减少,但我们每个人的空闲时间则会增加。我们为"社会体系"所牺牲的时间减少了,为了自己"存在"的时间增加了,与家人交流的时间也增加了。

不要固执于"不做"

正如我在第二章开头所提到的那样,第一个应该放进"不做"列表之中的内容,就是"不说绝对"。也就是说,关键在于不要对"不做"过于固执,否则好不容易建立起来的"不做"列表很容易和"要做"列表一样成为你压力的来源。

曾经发生过这样一件事。我成立了一个非政府组织"树懒俱乐部",有一天我向组织成员发送了这样一封邮件:

"原披头士成员保罗·麦卡特尼,发起了一项在星期一的时候不吃肉的'素食星期一'运动。小野洋子也对此表示赞同。我希望我们也能够响应这项运动,在星期一的时候拒绝吃肉。"

很多会员都对我的这封邮件作出了回应。有人说他早就开始吃素了,还有人说他自从减少吃肉的次数之后身体变得比以前更健康了。大家都在提出自己看法的同时列举了很多理由,有人认为应该彻底拒绝吃肉,也有人认为吃肉可以但应该减量。自古以来，肉食和素食之间的争论就没有停止过。

不吃肉的理由可以说非常多。肉的生产与消费会对环境造成恶劣影响，肉吃多了会损害人的身体健康，用粮食作为饲料会导致粮食不足和饥饿问题，等等。肉食与现代社会存在的严重危机有着千丝万缕的联系。

那么，我们为什么要吃肉呢？

在成员发来的邮件里，有这样一封邮件，标题是"不吃肉真的好吗"。他说自己过去并不喜欢吃肉，但为了进行体育运动增长肌肉而不得不吃肉。学校的家庭课上也说为了饮食均衡应该吃肉。身体不好的时候别人也经常对他说"因为你不爱吃肉"。所以他为了身体更加结实，不管喜欢还是讨厌，总之就是要让自己吃肉。现在他甚至已经无法从这种认知之中摆脱出来。

针对这封邮件，其他成员发送了许多"不吃肉也可以"之类的邮件鼓励他。还有人介绍了自己的经验，说自己自从减少吃肉甚至完全素食之后，身体变得更加健康，心情也变得更加愉悦。

很多人在看了这些邮件之后豁然开朗，认识到"原来不吃肉也可以"。但这个事例也说明了一个问题，那就是一个人被强迫吃肉的时候，会产生一定程度的心理压力。那么反之，一个人被强迫不吃肉的时候，肯定也会产生出相应的心理压力。如果"吃肉"是一种强迫观念，那么"不吃肉"也是一种强迫观念。

在我们的日常生活中，经常出现"应该那样做""必须这样做"之类的强迫观念，约束着我们的行为。如果我们为了与之对抗，故意"这也不做、那也不做"，结果只能是两败俱伤。

这种情况下，我们需要在"做"与"不做"之间，添加一个"不做也行"的选项。

比如说，我们用"不吃肉也行吧？"来自问，得到的回答是"或许可以"。"必须做"的反义词不是"不许做"，而是"不做也行"。在我们以为必须做的事情中，实际上真正"不做不行"的事情，并没有我们想象的那么多。

当"必须做"和"不许做"发生冲突的时候，我们应该首先问一问自己"是否真的不做不行呢？"然后你就会听到一个温柔的声音告诉你"其实不做也可以"。

摆脱加法模式

在建立"不做"列表时，你需要了解自己之前已经拥有的"不做"列表。事实上，每个人都有许多"不做"的事情。建立"不做"列表的时候，你需要重新认识这些事情。

比如，你在周末的时候不安排任何与工作有关的会见，或者你在晚上九点以后不打开电脑。这些都是你的"不做"列表，只是你之前并没有意识得那么清楚。这些能够反映出你的生活哲学和你向往的生活模式。

还有一点需要注意的是，与增加"不做"列表相比，减少"要做"列表的内容更加重要。或许你认为，增加"不做"列表和减少"要做"列表，从结果上来看是相同的。然而前者是加法，后者是减法，这在心情上是完全相反的。

为了创建更美好的世界，有两种想法：一种是增加"好事"的加法，一种是减少"坏事"的减法。比如环境问题，大家都热衷于这样做或者那样做的方法，却忽视了"不做"的方法，因为"不做"往往被认为是消极的。结果，面对本来就是因为"要做"过剩而引发的问题，反而采取更多的"要做"来解决，只能使问题变得更加严重。

之所以会出现这种情况，是因为在现代社会，人们普遍存在着"要做"比"不做"要好的偏见，"要做"甚至凌驾于"存在"之上。建立"不做"列表，就是为了从这种加法模式中摆脱出来，将我们的人生转换成减法模式。如果我们一直沉浸在加法模式中，那么就会拼命地增加"不做"列表的内容，结果反而对我们造成压力。

减法改善生活质量

既然如此,我们为什么总是处于加法模式呢?那是因为在现代社会之中,一个被称为"加法教"的宗教正在逐渐蔓延。"加法教"认为"加法"是积极的、主动的、进步的,"减法"则是消极的、被动的、后退的。

用英语来看更加容易理解。正如我们都知道的,英语里"many"和"much"的比较级是"more"。"加法教"的中心思想就是"more is more"。比如,"加法教"坚信,钱赚得越多人就越幸福,拥有东西越多社会就越富裕。

国家的经济指标GNP(国民生产总值)和GDP(国内生产总值)也是如此,商品和服务以及用来购买这些东西的金钱量越多,这个国家就越富裕、越发达。

提倡"more is more"的"加法教"非常可怕。"加法教"的信徒们遵循着"更多(more)、更快(faster)"的教条,大量生产、大量消费、大量废弃,使生态系统遭到破坏,导致全球气候变暖,最终威胁到人类的生存。而且,围绕着资源和市场的惨烈竞争，也在世界各地散播斗争的种子，使人类分裂为少数的富裕者和多数的贫困者。

要想从"加法教"中挣脱出来，关键在于代表着"更少"意义的"less"。古往今来的思想家们都在强调"加法教"的恐怖，比如古希腊的哲学家伊壁鸠鲁就提倡"less is more"的思想。乍看起来，"少即是多"是比"more is more"更奇怪的说法。但实际上在这个"减法教"之中，蕴含着更深层的智慧。

比如说在我们家里有很多家具和家电产品，还有各种各样的杂物。如果我们将这些东西一样一样地减掉，那么东西就会变得"更少"。这样一来，我们的空间则会变得"更多"。我们不再使用这些东西，也不用去想办法获得这些东西，于是我们拥有了"更多"的时间。这就是"less is more"。

反之，如果我们要拥有更多的东西，就必须有更多的钱，我们必须更加努力地工作，于是就会变得越来越忙，结果和家人、朋友在一起的时间"越来越少"。而那些新买来的东西使我们的空间变得越来越小，我们需要"更多"

的空间，必须更加努力地工作，结果我们在贷款买来的房子里享受的时间变得"越来越少"。这哪里是"more is more"，根本就是"more is less"，也就是"多即是少"。正如埃里希·弗洛姆在《生存的艺术》中所说的那样：我拥有的越多，存在的就越少。

通过对"less"和"more"的本质思考，我们就会发现一直以来只重视"量"的社会有多么奇怪，因为重要的是"质"而不是"量"。用英语来说就是"less is better"，也就是"越少结果越好"。

比如购物，与买大量的便宜货相比，少量买些高品质的东西，不管是对自己的身体还是对整个生态系统都会带来更好的结果。如果能够减少依赖各种打着便利旗号的机械，不但能够减轻对环境的负担，还可以改善人际关系，增加与自然亲近的机会，让我们的身心都变得更加健康。

制作 ZOONY 列表的方法

在制作"不做"列表的时候,或许会有人因为没有替代方案而感到苦恼。比如决定星期日不看电视,但又不知道不看电视的话应该做些什么。如果我说"这种事应该自己去想",会显得过于冷漠,所以我建议"不看电视的话,听听收音机怎么样呢?"

环境问题也是一样,当我提出应该尽量少开车的时候,总会有人提出"请告诉我们一个替代的方案吧"。虽然我想说,过去的人们没有私家车也都活得很好,但恐怕没有人会被这种说法所说服,所以我建议"不开车,骑自行车或者坐公交车"。

确实,到目前为止的环境运动及其他社会运动,都只强调"反对××!""不要××!""停止××!",对于"应该用什么来替代"的问题却都没有回答。

那么,我提议用 ZOONY 这个单词作为我们通往崭新生活方式的暗号。ZOONY 读作"zini"。你听说过这个单词吗?

大概没听说过吧。因为这是我自己创造的单词。

这个词来自"不做无意义的事"的词尾①，但关键在于其后面连接的内容，也就是"应该怎么做"。比如"不使用自动贩卖机，自己带水杯""不使用一次性筷子，自己随身携带筷子""不点灯，点蜡烛"，等等。将之前坚信"必不可少、没有它就活不了"的事物减掉，找出替代的方法（这在英语中称为 alternative）。为这个已经僵化的无聊世界，开创出新的可能性。

这里列举的三个例子，水杯、筷子、蜡烛，都是让我的生活更加简单环保的减法道具，我将这些称为"ZOONY 道具"。我有一个梦想，那就是开一家有很多 ZOONY 道具的商店。这个商店的名字叫做"ZOONY LAND"。和以做加法而著名的"Disneyland Park"不同，我的"ZOONY LAND"以做减法为荣。

来吧，你也试着建立一个"ZOONY 列表"，从力所能及的地方开始 ZOONY。

---

① 这句日语中最后两个字发音为"zini"。——译者注

享受不便带来的快乐

为了避免误会，我要强调一点，ZOONY不等于偷工减料。"不做"列表也不是为了享乐而存在的列表。

日本人不知从何时开始将"快乐"和"轻松"混为一谈。至少在最近的几十年间，这两个词好像完全变成了相同的意思。

轻松的事情不一定快乐。而快乐的事情有时候可能很复杂、困难、麻烦，需要花费很多的时间。然而，越是复杂、困难、麻烦、花费时间的事情，给人带来的快乐也越大。

反之，因为现代人都追求方便快捷，一切都变得很轻松，结果失去了原有的快乐，导致人们的幸福度下降。与GNP（国民生产总值）相比，不丹更重视GNH（国民幸福总值），不方便的乡下的幸福度要远远高于充满各种便利条件的城市。

当然，不便也并不总意味着快乐，但关键在于懂得"不便带来的快乐"。同样，也要知道便利不见得都是好事。

说起便利这个词，你能想到什么？高速公路、手机、便利店、自动贩卖机、电饭锅、淋浴器、电脑、网络……便利简直就是现代社会的关键词。对便利带来的好处提出质疑的人都被看做是另类，搞不好还会遭到其他人的排斥。

我并不是要否定便利。只是希望大家认识到，在便利的另一面，往往隐藏着诸多的不便。而且，现在我们人类不仅以便利之名给别人增添了很多麻烦，甚至还破坏了子孙后代赖以生存的基础。

我们似乎有必要学习一下如何更好地与便利相处。否则，科技带来的便利只会使我们的人际关系变得疏远，身心健康遭到破坏。我们本来是为了节约时间才使用电脑和手机，结果我们却变得越来越忙。我们在不经意间给尚在成长中的孩子所提供的便利，却扼杀了让他们在不断地尝试错误中可能学到的宝贵知识这一体验。不止孩子，过度依赖便利，会导致人类许多能力退化，甚至失去个体性和生存价值。

所以，最好还是将"轻松"与"快乐"区分开来比较好。就好像野营等户外运动一样，背着沉重的行李，跑到一个没有电灯、没有自来水，也没有烤炉的地方，就是因为有些快乐是无法轻松获得的。为什么要特意去做这么不方便的事情呢？当然是因为快乐。人类有时候宁愿放弃轻松和便利，也要在不便、麻烦和浪费时间中寻找快乐。也就是说，户外运动是"享受不便带来的快乐"。不便和快乐就好像一件事物的正反两面一样紧密地结合在一起。

　　建立"不做"列表的时候，我们也需要注意"轻松"和"便利"，不要因为"轻松"而失去生活的"快乐"。

专栏:"不做"的名言集三

不期待行为的结果。

行为不会对我们造成影响,我们也不应期待行为的结果。
能够认识到这一点的人,就不会被行为所束缚。
当你不追求成果,自然会得到成果。

——《博伽梵歌》(印度圣典)
宇野惇译,中央公论新社(《世界名著1 婆罗门圣典》)

不必摆脱劣等感。

任何人都无法摆脱劣等感。
人生并非一帆风顺,
既然我们无论如何都要活下去,
不如带着优秀的劣等感骄傲地活下去。

——吉行淳之介
远藤知子编《吉行淳之介 心之箴言》,日本映像出版

不和愚蠢的人同行。

> 不要和愚蠢的人同行。
> 独自前行即可。孤独地前进。
> 不要做坏事。不要有太多欲望。
> 就像森林里的大象一样。
> ——佛陀《真理之言·感性之语》
> 中村元译,岩波文库

不可畏惧人生。

> 不可畏惧人生。
> 人生必不可少的只有勇气、想象力和非常少的金钱。
> ——卓别林(电影《舞台生涯》)

第四章

面向未来的"不做"列表

在第二章中，我为大家介绍了能够立刻开始尝试的"不做"列表。在这一章中，我将继续为大家介绍为了将来的自己、世界和地球而建立的"不做"列表。

不催促自己和他人

日本的孩子们在长大成人之前，究竟要被家长和老师们催促多少次"快点""不要磨蹭""慢吞吞的""手脚麻利一些"之类的话呢？不，不止孩子们，就连大人一生中也不知要被这样催促多少次。

所以，我们都变得非常急躁，做任何事都慌慌张张的。对幼儿、老人、残障人士等行为或反应缓慢的人群，我们越来越缺乏耐心，甚至对他们表现出冷漠的态度。不止对人类，由于我们等不及菠菜和小鸡长大成熟，所以开始人工培育出比正常生长速度快几倍的动植物。

我们等不及的不只是其他人和其他生物，甚至对我们自己的人生都等不及，并且对不够效率的自己感到非常自责。

我们总是在不停地催促他人，同时也在被他人所催促，为的是让"要做"的事做得更快。

"要做"不只是"做了就好"，而是必须越快越好。即便这样，还不足以使我们满足。因为如果我们不催促，就会放松精神，使事情无法更快更好。所以无论何时，我们都无法让自己放松下来。

或许你会问，为什么要催促呢？这时候别人就会回答你说：因为可以让"要做"的事做得更快。但是，做得更快难道会有什么好事发生吗？还是要将争取出来的时间用在其他的"要做"上面。结果在做其他事情的时候，又会被不断地催促，然后将争取出来的时间再用在其他的"要做"上面，接着又被催促。就这样无限循环。

也就是说，你永远都无法轻松悠闲地去做任何事。而在被催促的环境下，你也很难做好任何事。而且，在别人的催促下，工作会使你产生压力，无法享受工作的乐趣。如果总是被人催促，最终所有的"要做"都会变成苦役。这就是导致这个社会上许多人看起来闷闷不乐的原因吧。

那么我们为什么要催促他人，又被他人催促呢？或许我们之所以催促他人，就是因为被他人催促吧。又或许我们根本没有任何原因就在互相催促。

你见过既不催促他人，又不被他人催促的人吗？这样的人总是有很多时间，显得非常满足。

我曾经在桃花和杜鹃花盛开的春天访问不丹，这是我第五次去不丹旅行。这次我的旅行时间很长，也是我第一次来到不丹东部，我朋友的故乡，佩马加策尔宗的一个村子。这个朋友一直认为我是他前世的兄弟，所以我去不丹就相当于是去探亲一样。

村子里的人非常热情地招待了我，没有人怀疑我和我朋友前世的缘分。当我离开的时候，村里的人都对我说："兄弟，明年一定还要来，我们等着你。"他们唱着离别的歌，一整天都站在山头，目送我离去。

我回到日本后曾一度感到茫然。在那个村子里度过的时光就好像是一场梦，无论如何都无法与我的现实联系起来。那些村民仿佛无穷无尽的热情、爽朗以及温柔，究竟是怎么得来的？

他们说在等着我,是真的吗?大概是真的吧,因为他们对之前素未谋面的我是那样的热情。

我看过本桥成一的电影《猴面包树的记忆》,对电影中的塞内加尔的村庄有一种无法言喻的怀念感(虽然我从未去过),真是非常不可思议。因为这里和不丹的村子一样,时间流逝之慢令人焦急。

漫长的干燥季节过后,村民们都等待猴面包树长出新的叶子。因为新叶长出来之后就会下雨,几百年来猴面包树就这样静静地迎候雨水。大雨过后,播种,除草,然后就是等待收获的季节。

人们一边在路边午睡一边等待下雨。没有人担心究竟会不会下雨。也没有人对今年的收成感到不安。只是等待果实成熟,果实成熟后庆祝。接着,继续等待明年的雨季到来。

这部纪录电影的主要内容就是"等待",本桥先生用"等待"的方式讲述了"等待"的主题。塞内加尔的村民们的"等待"与本桥先生的"等待"产生了共鸣。再加上猴面包树及其周围生物们的"等待",交织成一曲旋律优美的交响诗篇。

当不丹的村民们对我说"明年再来"的时候,我故意暧昧地回答"如果能来就好了"。因为我从日本到不丹仅一个来回就需要两周,还不算在当地逗留的时间。大概我无法回应他们的期待吧。但没关系,因为他们都是非常善于等待的人。

而我们呢?我们恐怕什么都无法等待吧,甚至还认为那些能够等待的人是消极的。但实际上,我们只是在前进的道路上跌跌撞撞罢了,而他们才是真正在过去和未来之间找到了平衡。

不浪费上厕所的时间 2

虽然把迷你佛像拿了出去，但我家的厕所对于我来说仍然是堆满了小宝物的迷你陈列室，用来收集神圣物品的迷你圣堂。现在，我家的厕所里摆着我去世的母亲的画像，妹妹做的手绘彩陶，以及我从世界各地带回来的可爱的"小东西"。在放卫生纸的卷筒上面有一个黑板，我的女儿从上中学之后就会不定期在上面发布"mini 新闻"。

因为我总会在厕所里放几本杂志、诗集或者漫画，这一点在时间管理人看来或许能给我一个及格分吧。但对我来说，厕所首先是为"排泄"准备的舞台，主角永远是排泄。

排泄物是我们每天健康状态的指针。优秀的医生和护士会告诉你，每个人都应该根据自己的排泄物的颜色、形状、大小、气味、硬度等，来判断自己的身体状况。另外，排泄的时间也是我们平时没有意识到的，和自己的身体进行直接交流的宝贵时间。

如果对排泄的理解进一步加深，就会发现其本身具有的"环保"意义。正如"身土不二"这句话教给我们的一样，身体、土以及大地三者是密不可分、不可割舍的。身体自土中来，到土中去。土地上生长出来的食物变为粪尿，然后变为肥料回到土地，培育出粮食和蔬菜又成为食物维持我们的生命。我们死后又将归于尘土。自古以来在我们身边一直重复不断的这个循环，在冲水厕所和火葬等各种现代社会所造成的影响中被切断了，彻底离开了我们的视线。但是，即便人类造成了这些影响，但整个地球的循环却仍然在继续着，我们仍然存在于这个巨大的循环之中。

在老人疗养这方面，"吃饭、洗澡、排泄"被称为三大关键护理。与人类存在的基本相关的这三种行为，被看做是人生最终章的主题。当然，这三种行为并不是到了老年之后才突然间变得重要起来。从我们出生一直到死亡，洗澡、排泄与吃饭一样，都是人类生活的基本行为。

在演讲和写作领域十分活跃的医生镰田实先生，据说在参观奥斯维辛集中营的犯人厕所时受到了极大的震撼。所谓的厕所实际上只是一个在地上挖出来的土坑，几十人一同在这里排泄。根据导游的解释，犯人们被迫在这里排泄一次之后，就会失去反抗的勇气。

> 如果排泄这个人类必不可少的行为被剥夺，那么这个人就无法像人类一样生活，也会失去作为人类的尊严。这实在是一个非常巧妙的人类改造系统。
>
> （《适可而止》，镰田实著）

从奥斯维辛集中营归来之后，镰田实先生就开始构思排泄和平论。

上厕所和洗澡的时间，也可以看做是冥想的时间。将自己从平时的工作模式、生产模式、效率模式中解放出来，回归另一个自己。

英语里有个单词叫做"recreation"，意思是娱乐、休养，但将其分解后可以变成"re·creation"，也就是再创造的意思。让我们因为工作和学习而疲惫不堪的肉体和精神，重新得到复苏。

厕所和浴室就是我们休养的场所。在这里，被"要做"的事情压迫得奄奄一息的我们，能够得以起死回生。为了逃避"要做"列表的追赶,我们躲进厕所。或许你会问,这样一来上厕所和洗澡的时间岂不是越来越长吗?其实这也不是坏事。你可以沉浸在过去捉迷藏的气氛之中,还可以趁此机会恢复一下精神。就算被别人说"这家伙总是爱往厕所跑"也无所谓,因为这里能够治愈我们受到的任何伤害。

不要把杂事扔进垃圾箱

英国艺术家、作家威廉·莫里斯（1834—1896年）指出，人类因为过分追求效率而失去的最重要的东西，就是"工作的愉悦和美感"。这本是他对因为机械化的发展而工作效率急速提高的十九世纪末欧洲的评价，但这句话即使放在当今社会也仍然合适。

商业社会的自由竞争，将人们之前在精神上的富裕破坏殆尽。商业的贪婪欲望破坏了自然的美感，让本应是实现人生价值的劳动变成了单纯的"令人厌倦的负担"。曾经让平民们在劳动中感到愉悦，使平民的休息时间更加丰富多彩的艺术，也在大批量生产出来的丑陋商品的洪流之中垂死挣扎。

莫里斯又进一步说道：给人类带来工作的愉悦和美感的"生存的理由"遭到剥夺与破坏，人类被变成了只追求生产效率的机械。这简直就像是"为了生存而破坏生存的理由"，是非常矛盾的状态。

尽管莫里斯只提到艺术与艺术家的工作，但因为效率化使自己存在的理由遭到破坏的情况，也同样发生在农业、渔业、畜牧业等行业。就像艺术家的工作被流水线的大批量生产所取代一样，当农场的效率化提高到一定程度之后，农场就会变成工厂。

效率化及合理化也同样影响到教育和福利等领域，甚至就连我们的家庭中也未能幸免……究竟在什么地方，还残留有我们"生存的理由"呢？

你听说过"杂事垃圾箱"吗？在以经济效果和效率以及合理性为最优先考量的地方，凡是违反这些价值观，或者不符合这些价值观的东西，都被看做是杂事和杂务，然后被像垃圾一样扔进垃圾箱中。

你的"杂事垃圾箱"中，又扔了些什么东西呢？与喜欢的人聊天被看做是"杂谈"，无法与考试和就职等实际利益结合起来的学习被看做是"杂学"。同样，像游戏、兴趣、看护、祈祷、朋友之间的交往、散步、冥想、休息，甚至恋爱、生子、孝敬老人，这些都是非生产性的、非经济的"杂事""杂务"。

但是，人生不就是这些杂事的集合体吗？

在杂事上花费时间，确实缺乏效率，甚至有时候会让人感觉很麻烦。但是在既不用花时间又不麻烦的事情上，我们能够感受到多少快乐和价值呢？

现在，我们是否应该将"杂事垃圾箱"里面的东西一样一样地取出来，重新审视它们的价值？

与强调效率的二十世纪相比，非效率的二十一世纪的关键词似乎就是"杂"。就好像生态系统中有"杂草"，森林之中有"杂木"，农业之中有"杂粮"一样。如果没有杂谈、杂音、杂货、杂物、杂学、杂志、杂念等"杂"的事物，我们的生活将会多么的寂寞啊，没有粗杂、复杂、繁杂的人生一定非常平淡乏味吧。

只有接受"杂"，我们才能够享受非效率的人生。虽然看上去好像非常辛苦，但实际上这正是莫里斯所说的"工作的愉悦"和"美感"，而且这里一定也充满了"生存的理由"。

不过分察言观色

在日本充斥着大量"不说也可以"和"不听也可以"的信息。

比如在公共场所,特别是车上或者车站,到处都能看到"应该这样做,应该那样做"的贴纸、告示、广告。

"请从人少的车门上车。"

"站着的乘客请抓紧扶手和吊环。"

"下车时请注意不要遗忘随身携带的物品。"

与其他国家相比,日本街头随处可见的广告牌和宣传板,都在不断地告诉我们"买这个,买那个"。不只公共场所,现在通过电视和网络,这样做、那样做,买这个、买那个的大合唱已经彻底涌进了我们的家庭之中。

参加我的研讨会的大学生们,几乎所有人在家吃饭时都会打开电视,他们的理由是"如果关掉电视,气氛就会变得很沉默"。去过欧美旅游的日本人绝大多数都认为那边的街道上广告太少，明显不够。看样子，对于我们现代日本人来说，这样做、那样做，买这个、买那个的大合唱，已经成为听不到就夜不能寐的催眠曲了。

"想听"和"必须听"以及"不听也可以"之间的区别似乎变得越来越不明显。同样，"想说""必须说"和"不说也可以"也越来越被混为一谈。在这样的社会中，要想做到"不听也可以的事情不听，不说也可以的事情不说"，确实并非易事。

如果回到从前，人类都生活在没有成文的法律法规的世界。那里没有法律专家，大家都靠自己来判断什么事可以做什么事不可以做。而且，过去每个人都作为家庭、亲戚、地区等交流群体的一员，与其他成员相互信赖相互依靠。正如心心相通这句话所表现的那样，每个人之间都了解什么是"不说也可以"和"不听也可以"，完全基于信任关系的交流方式。

这就是我们人与人之间"沟通存在"的起源。即便在绝大多数沟通交流都已经崩溃的现代社会，这种最原始的

"沟通"一定还存在于每个家庭、每个人之中。这里也有着希望。

在这个充满竞争的世界之中,人际关系并非基于信任,而是基于利益关系。在交流的名义之下,虚伪和空洞正在不断增加。我们首先要做的,就是从这个虚伪的人际关系中挣脱出来,并且与之保持距离。

要想获得不听的自由,可以使用耳塞。要想获得不看的自由,可以使用眼罩。

做一个不懂察言观色,或者不去察言观色的人。使用"充耳不闻、视而不见"的办法来保护自己,总之要用尽一切办法,保护自己不被信息的洪流所淹没。首先就是减少接收信息的绝对量,虽然一开始可能会因为害怕错过"必须知道的事情"而感到不安。

但是你不需要担心,因为接触到的信息的绝对量越少,你的心灵就会变得越纯净,然后你就能够将"必须听"和"想听"的内容从"不听也可以"的内容之中清楚地区分出来。

当然，这样你也可以节约大量的时间。用这些时间去说你真正想说的，去听你真正想听的，并且可以和那些能够区分什么是"不说也可以"和"不听也可以"的人相处。没错，这就是处于同一交流层次的人之间，真正意义上基于信任的交流。

不考试

日本社会不断地高声宣扬着"不说也可以"的信息，而市民们也顺从地接受着"不听也可以"的信息。这究竟是为什么呢？大概和日本是一个应试主义国家有着密不可分的关系。

《广辞苑》[①]中对于考试的解释是："考核对知识理解的程度，判断学业成绩的优劣。"日本人在从学校毕业之前，究竟要经历多少次考试呢？为了重要的考试，之前会进行许多小考试，在此之下还有更多的小测验以及练习。现在考试几乎已经成为学习的同义词，孩子们除了测验之外，甚至不知道自己究竟在学什么。

孩子们从小就在考试中被分出优劣。究竟要考试多少次才够呢？考试究竟是在考些什么呢？答案大概是这个孩子在社会上生存的资格吧。

---

① 日本常用的日文词典之一。——编者注

但就在不那么久远的过去,不管生活在世界上任何地方,都不需要什么生存的资格。

入学考试的冬季,是对我来说最抑郁的季节。我作为一个完全废除入学考试的支持者,甚至梦想有那么一天孩子们完全不知道考试这个词是什么意思。所以如果可以,我非常渴望在我的"不做"列表之中加入"不考试""不参加考试""不支持考试"。然而我由于担任大学老师的关系,每年都有参与入学考试工作的义务。参加考试的学生们很痛苦,我比他们更痛苦。

我坚信,废除考试制度不但能够提高日本人民的幸福指数,还能够使学生们的学习能力加倍提高。只要看一看那些作为教育发达国家得到极高评价的北欧诸国就可以清楚地明白这一点。既然如此,为什么日本不能够废除考试制度呢?

首先我们需要知道,如果考试不是为了孩子们,那究竟是为了谁?答案是为了维持以考试为中心展开的庞大的教育系统。也就是说,本应是以达到某种目的而进行的入学考试,不知何时其本身变成了目的。孩子们为了达到这个目的采取了各种手段，每天从早到晚都为了入学考试而进行小测验和补习活动。而家长们为了支持孩子们的考试战争，不但失去了亲子同乐的时间，还要为了支付孩子们的补习费用而拼命工作。

升入大学之后，年轻人们都已经被考试战争折腾得精疲力尽。我曾经在海外许多国家担任过大学教师，从没见过比日本的大学生在课堂上提问更少的。这也情有可原，因为日本的学生们从小接受的教育就是"有提问的时间不如多背一些答案"。而外国的留学生和老师们也经常感到惊讶，日本的大学生竟然会在上课时睡觉，或者只顾着低头记笔记。

日本的学生们由于常年只作为单方面的听众，在绝大多数情况下，不但分不清"不听也可以的事情"和"必须听的事情"，甚至连什么是"想听的事情"都不知道。但这不能怪他们，因为那些在考试系统下工作的教师们，也分不出什么是"不说也可以的事情"和"必须说的事情"，而且也不知道什么是"想说的事情"。

给现代丹麦社会留下最宝贵思想遗产的教育家 N. F. S.

葛隆维（1783—1872年）对于考试是这样定义的："年长者用在年轻人的经验范围内无法回答只能重复他人的语言来当做回答的质问，来折磨年轻人。"（《为了生存的学校》，清水满著）

我敢打赌，如果日本社会能够将"不考试"加入"不做"列表之中，那么日本人能够获得连自己都感到大吃一惊的时间。那些在考试系统中享受财富和权力的人，或许一开始会感到困扰，但在看到孩子们、家长们以及老师们幸福的表情之后，一定也会由衷地感到"果然这样才是最好的"。

话虽这样说，但现在不可能一下子改变整个系统。我们首先可以尝试虽然身处系统之中，但在心中尽量与这个系统保持距离。多读一些与北欧社会相关的书也是个不错的选择。

考试制度最直接的受害者就是孩子们。如果你是孩子的家长，希望你不要被孩子的考试分数左右心情。你应该同情被迫参加考试的孩子们，因为孩子们花在考试上的时间，本应该用在学习和玩耍等其他更加有意义的事情上。

孩子考了低分你应该比孩子考了高分更高兴。因为人类就是需要在失败中总结经验和教训,从而得到成长。那些一直考取高分,毕业后就进入优秀公司上班的孩子,才是最可怜的。

不学任何新东西——亚历山大健身法的智慧

亚历山大健身法（The Alexander Technique，以下简称AT）是在全世界范围内被广泛应用的健身技巧。能够提高一个人在音乐、舞蹈、歌剧、体育等领域的表现性，以及治疗疾病和缓解身体疼痛。我们在思考"要做"和"不做"之间的关系时，AT所提出的"找出身心不必要的紧张，然后消除这种紧张"的身体论，可以给我们提供极大的参考。

AT的创始人F. M. 亚历山大（1866—1955年）是一名在澳大利亚表演莎士比亚歌剧的演员。他曾经有一段时间罹患发声困难的疾病，于是他开始摸索能够将人类所拥有的力量自由地发挥出来的方法。

任何人都拥有无意识的习惯（AT将此称为"自己的错误使用方法"）。我们想要做某种事情的时候会产生不必要的反应，而这种不必要的反应会产生不必要的紧张。这种紧张会对我们想要做的行为和动作产生妨碍。

当我们想要解决身体出现的问题时，我们不应该增加新的努力和行动(要做),而应该找出"自己的错误使用方法"产生的不必要反应,然后对其加以抑制。换言之,用"不做"来代替"要做",是 AT 最基本的思考方法。

越努力越做不好,紧张只会变得更加紧张,这种情况十分常见。身心之间就是这样一种奇怪的关系。AT 就是注意到了这一点。

比如日本,也在家庭、学校甚至医院中反复地强调"良好姿势"的重要性。但强调的都是必须改正错误的姿势,为了保持良好的姿势要这样做、那样做,比如挺胸抬头、肩膀向后、收下巴等。

但是,从 AT 的观点来看,这样做、那样做,只不过是舍弃了旧的习惯,用新的习惯取而代之罢了。在日本传授亚历山大健身法的杰雷米·查尔斯这样说道:

> 这一切都是在朝着"要做"(doing)的方向发展,结果只会引起不必要且有害的收缩,使肌肉更加坚硬,身体更加紧张。与之相对的,"不做"(no doing)就是避免不必要的"要做",起到抑制收缩的效果。
>
> (《一个人也能做的亚历山大健身法》)

在 AT 的课程中，有一项内容是长时间一动不动地观察自己。而每个人都会发现，自己从始至终肯定会有某种动作一直出现。

> 这个动作无法停止——总是以某种微弱的形式，不断地"蠢蠢欲动"。

那么这种"蠢蠢欲动"究竟是什么呢？就好像我们人类对一动不动什么也不做的"存在"非常忌讳一样，查尔斯先生认为"造成这种蠢蠢欲动行为的主要原因，是渴望从自己逃离的想法"。行动——无休止地行动——是拒绝承认自身的存在；反之，不动——静止——才是对自身承认和接纳的态度。"不承认就无法取得变化"，也就无法进行改善。

查尔斯也同时指出，学习也是一样，关键在于"不要学新的东西"。

> 你所学的所有东西，在你开始学习之前都已经掌握了。

只是你自己还不知道而已。（略）学习"新"东西，只是在阻碍你的进步罢了。

"不学"这种 AT 独特的思考方法，被称为"忘却"（unlearning）。关键在于找出"没有做的必要，却已经被身体记住的动作"，然后将这些动作"停止"。这样一来，"正确的动作自然就会出现"。也就是说，发挥人类与生俱来的调整能力，发挥人类本来的力量。

亚历山大这样说道：

在这个世界上你唯一需要知道的，就是知道自己的错误。

针对于此，查尔斯这样说道：

不必知道怎样行走是正确的，只需要知道怎样行走是错误的。

不勉强提高干劲

在商业世界中有一个词非常流行，那就是"干劲"。特别在年轻的员工之间，"干劲不足""无法提高干劲"是很大的问题。而如何提高干劲，也是经营上非常重要的课题之一。

"干劲"在英语中是"motivation"。如果没有"干劲"，人会变成怎样呢？大概先是极不情愿地"做"，但最终肯定会"不做"了吧。那些为"要做"列表而烦恼的人，肯定是因为无法提高干劲，也就是说在"要做"的事情上提不起"干劲"。从如何完成"要做"列表的角度来看，提高干劲确实非常关键。但是，对于要建立"不做"列表的我们来说，提不起干劲正意味着这件事没有要做的"意义"和"理由"，是一个非常重要的征兆。

围绕着干劲的问题讨论最多的内容就是"如果没有干劲，只要创造干劲就好"。也就是说关键不在于"要做"，而是创造出"要做的意义"。但就好像在空无一物的原野上开辟道路一样,在如同荒漠一样的工作中,怎么可能创造出"要做的意义"呢?何况还不是为了自己,而是为了毫不相干的他人。

"motivation"这个词源自拉丁语的"motivus",语源是"movere",也就是"行动"的意思。所以,单纯来说,"干劲"就是"行动的理由"。那么"提不起干劲",也就意味着找不到行动的理由。

仔细想来,即便同为动物,但人类是需要行动理由的动物。现在的年轻人或许都在寻找行动的理由。如果是这样,干劲不足也不能一概而论地都看做是坏事。一直看着长辈们埋头苦干不断前进的身影成长起来的年轻人,开始对行动感到犹豫,思考行动的意义,难道不是一种进步吗?

不要急于前行

在第一章中,我为大家介绍了在二十世纪初前往欧洲旅行的萨摩亚酋长椎阿比的故事。或许他对提不起干劲的现代年轻人,反而会感到更加亲切吧。

他对自己在欧洲见到的文明人(巴巴拉吉)是这样说的:

"巴巴拉吉总是想着怎样才能更快抵达目的地。他们的绝大部分机器,都是为了尽快抵达目的地。但提前抵达一个目的地之后,又有新的目的地在等待着巴巴拉吉。这些巴巴拉吉一生都在永无休止地赶路……如同被扔出去的石子一样在人生的道路上奔走前行。"

听到"如同被扔出去的石子"这个形容时,我首先想到的就是现代的日本人。

"我们究竟为什么要让自己如此焦急"这个问题已经成为对我们每个人来说越来越重要的问题。但是在询问"为什么焦急"之前,还有一个绝对不能忘记的问题,那就是"我们究竟为什么要行动?"也可以换个说法,"我们为什么不能停留在原地?"

在只顾着以更快的速度抵达更远的目的地时,我们似乎已经完全忘记了"停留"的价值。不,或许正是对"停留"的恐惧和不安,驱使着我们像一个被扔出去的石子一样在人生的道路上奔走前行。

"不要停留,保持前行"的行为准则,把我们逼得走投无路。因为不懂得"停留"的人,也不懂得创造、培养、维持有意义的交流。然而如果没有停留,也很难实现"共生"。

对"停留"的恐惧出自对"现在"的轻蔑。这是由于在很多人的观念中,时间只是向着一个方向直线前进的,历史总是向着进步的方向发展的。也就是说,我们应该永远向着比现在更好的"未来"前进。

这种思考方式使我们在审视"现在"时感到索然无味。曾经作为生命之源被人类所敬畏的自然,现在一方面成为阻碍人类进步的"制约",另一方面又被看作是用来促进人类进步的"资源"和赚取金钱的手段。曾经作为每个人生存价值体现的家庭关系和人际交往,现在却变成阻碍自己前进的"绊脚石",就连结婚和生子都变得"麻烦且毫无意义"。人们无法忍受"共生"的缓慢节奏,纷纷选择放弃。"不能停在原地,不能原地踏步,必须不断前进!"

美国诗人加里·斯奈德认为,对于我们来说最重要的事情,就是"停留"。美国农民作家温德·拜瑞也这样说道:到目前为止科学技术文明的时代给我们带来的知识,就是对"新事物"的追求,只关心与"现在"不同的时间和空间。但我们所需要的,是"亲切"的智慧,以及关注"现在"的"停留者的智慧"。

这是一个很简单的道理。我们的行动越多,"共生"就越难;我们的速度越快,与其他事物的连接就越容易被破坏。为了与其他事物连接起来,为了保持共生,我们首先要停下脚步,等待对方,或者让对方等待,然后还要做更多的停留。不管对方是人类,还是人类之外的生物,或是我们自己。如果我们认为"共生"是人生最本质的价值,那我们就必须放慢脚步与周围其他的事物保持联系。

只有双方都停留在同一个地方,才能产生联系。

当然,停留并不意味着一动不动。人类和自己不动也能与周围联系起来的植物不同,人类是必须行动起来的动物。不过，虽然同为动物，但人类是需要"行动理由"的动物。可以不以行动本身为目的，但人类必须像人类一样，采取更加稳重、优雅的行动方式，也就是说要比"像被扔出去的石子一样的人生"更高雅的人生。

"停止"需要时间。"停留"和"共生"需要更多的时间。但是，如果没有这些时间，我们的人生又有什么意义呢？Life is slow，人生从本质来说就是一个漫长的过程。

"不努力"和"不放弃"

自杀人数约 2 万 7 千人,闭门不出者约 70 万人,抑郁症患者约 95 万人……对于这些数字,我们能说些什么呢?

日本人不够努力吗?还是说,努力过头了?

不管我们怎么努力,经济仍然没有好转,经营也不够顺利,这种不景气的状况已经持续了几十年,所以我们是否应该重新考虑一下"努力"本身?让我们来思考一下这些问题。

"努力经济"真的比"不努力经济"更好吗?

"努力经营"真的比"不努力经营"更好吗?

"努力的员工"真的比"不努力的员工"更好吗?

我认为,现在是所有人都应该认真思考这个问题的时候了。

日本人为什么总是把"努力"挂在嘴边?"努力"在不同的语境中又有不同的意思,所以要将日语的"努力"翻译成外语很难。词典上说,这个词是从"固执己见"转变而来的，虽然现在也有"坚持自己意见"的意思，但更多地被引申用来形容"拼命努力"。正如"固执"这个语源一样，"努力"这个词总会显示出非同一般的紧张状态。而"非同一般"正意味着"过剩"。

当"努力"这个词变成我们每天挂在嘴边的口头禅，过剩的情况也就变得理所当然，而普通的情况则成为一种异常状态。

在"努力"之后，是一种持续的"要做"。努力完成工作，努力加班，努力提高业绩，努力通过考试。每一个都意味着在"要做"上发挥出非同一般的能力。结果，造成"要做"的过剩。

在"努力"之后，只有"要做"而没有"存在"。"要做"过剩非常容易，而"存在"过剩却十分少见。将"努力"挂在嘴边的日本社会，只重视"要做"，却完全忽略了"存在"，可以说是一个非常畸形的社会。

前文中提到的医生镰田实先生最著名的一本书就是《不努力》。据说这本书的标题来自挂在诹访中央医院墙壁上的一幅书法作品，作者是一名有心理障碍的女性。除此之外墙上还挂着"活着""谢谢""我的灵魂""打盹""偶遇月亮""天晴了"等其他心理障碍患者的书法作品。在欣赏这些作品时,镰田先生的内心忽然被触动了,仿佛这些作品在对他说"只要做自己就好,不用和别人竞争"一样。

在《适可而止》这本书中,他对"不努力"的思想是这样阐述的:

> 日本社会就好像是一块完全由努力的人所组成的岩石。但我认为,做一个不努力的人也好。能够接纳不努力和不能努力的人的社会,才是一个强大的社会。(略)由多样的人群所组成的组织像钢铁一样坚韧,就算弯曲也不会折断。一个健全的社会,应该承认不努力和不能努力的人所具有的柔韧和软弱。
>
> (《适可而止》)

如果不能承认和接受自己内心的软弱,努力就是一种逞强,组织、社会、个人都是如此。

镰田先生在出版了《不努力》一书之后,又出版了一本书叫做《不放弃》。大概是对于"不努力就是说放弃也可以吗？"这个疑问的回答吧。后来，镰田先生又出版了一本书，名字叫做《即便如此，还是不努力》。

对于"不放弃"，剧本家山田太一先生这样说道：虽然我们总是说"不要放弃"，但这种说法只是给人一种幻想，让人觉得只要不放弃就总会有希望罢了。

> 我们每个人都是有极限的，所以人生不如意十之八九。如果无法接受这种不如意，那么内心中就会充满挫折感。我认为，那些极少数的成功人士说"只要努力就能够实现梦想"是一种傲慢。
>
> （《日经 Business Associe · 认为只要努力就能够实现一切是种傲慢》）

据说"放弃"这个词源于"恍然大悟"。山田先生认为，要承认自己的软弱和极限，不承认而企图通过"努力"来改变是非常危险的行为。

在建立"不做"列表的时候，放弃"要做"也是很有必要的。放弃"要做"，意味着承认"做不到""不做也行""不做更好"。就算对"要做"的事情不放弃,至少也不要否认自己存在软弱和极限,而应该采取承认和接纳的态度。也就是说,根据自己的能力,用自己的节奏,度过自己的人生,不要为"要做"而牺牲"存在"。

不能失去更多

2008年末，我敬爱的诗人榊七夫先生去世。在他去世后，我又重新读了他的诗作，非常怀念这位伟大的诗人。

我最近才注意到，他还有几首随笔诗。我的母亲和他年纪相仿，也经常在笔记本上随手写几行字。或许在他们战前、战中的儿童时代，接受的是"做一件事应该做记录"的道德教育吧。也可能是他们在小时候经常被家长命令帮忙做家务或者去买东西，所以总是需要列表记录。再或者，是他在世界各地游走的时候，养成了对脑海中浮现出来的想法进行整理的习惯。

在二十世纪即将结束的时候，榊七夫创作了许多回顾二十世纪并展望二十一世纪的诗。其中有一首叫做《野性的声音》的诗，据说是自然借榊七夫的笔向人类发出的呼唤。

其中"通往清爽可靠的经济社会的道路"，包括以下十项内容：

1. 只追求最必要的东西。

2. 不用工厂制作而用手工制作。

3. 不去超市而去个体商店。

4. 抵制象征着虚荣和浪费的虚假广告。

5. 拒绝最大的浪费——军国主义。

6. 让生活的一切都有更多的细节和创造。

7. 尝试新的生产和流通系统。

8. 在欢乐中分享汗水和想法。

9. 真正的富裕不依赖物质与金钱。

10. 迈向自然的第一步——开怀大笑、放声歌唱、畅快游玩。

这就是榊七夫推荐给大家的二十一世纪的"要做"列表，但仔细看就会发现，其中也包括"不做"的事。比如第1条就是让我们不追求不必要的东西。第2条是让我们不使用工厂制作的东西。第3条是不去超市买东西。第4条和第5条都是不支持广告（广告绝大多数都是夸大的）和战争。第6、7、9条的意思是不要依赖二十世纪的经济系统。

在他同一时期创作的随笔诗中，有一首名为《二十一世纪》的诗（诗集《Kokopelli》）。在诗中，他将"二十一世纪没有"的一百个项目,每十个为一组分为十组,是一个真真正正的"没有"列表。

二十一世纪

没有真心话

没有场面话

没有交涉

没有强迫

没有欺凌

没有勾结

没有骗局

没有依靠父母

没有强制命令

没有勋章

最开始的十个项目,全都是描述日本人社会关系的关键词,表现出诗人"如果没有这些就好了"的美好愿望,同时也是对充斥着这些内容的社会的一种批判。对于我们来说也是一种"不做"列表。

随后,诗人列举了很多他希望消失的"事物"。流浪汉、化学调味料、死刑、纸尿裤、难民营、遗传病、自动贩卖机、导弹、农药、酸雨……

在榊七夫的列表中，还有很多人都很喜欢的东西，以及没有的话会很不方便的东西，如明星、诺贝尔奖、进口木材、天堂、手机、名牌商品、夏天的甲子园棒球、奥运会、互联网、遗产继承、科学的永远进步……

而在最后，"没有"的内容发生了巨大的变化。

> 二十一世纪
> 孩子没有笑容
> 鸟儿没有歌唱
> 田野没有蚯蚓
> 河流没有水蚤
> 森林没有蘑菇
> 沙漠没有太阳
> 大地没有云影
> 彩虹没有颜色
> 夜空没有星星

二十世纪的我们，追求丰富的物质，获得了各种各样的"物质",也引发了许许多多的"事物"。其中既有讨厌的事物、悲伤的事物、损害健康的事物,也有快乐的事物、轻松的事物、方便的事物和美味的事物。但是,为了得到这些东西,我们现在失去的更多,而其中有很多是我们绝对不能够失去的非常重要的东西。一旦失去,大概人类就没有二十二世纪了吧……

所以,榊七夫的"没有"列表也是"不做"列表,这就是他给活在二十一世纪的人们所留下的遗言。

不留遗产

　　2008年9月，我在印度旅行的最后一天忽然想到，应该去参观一下作为世界文化遗产而闻名于世的泰姬陵。天没亮的时候我就从德里搭乘巴士出发，在沿着亚穆纳河的高速公路上一路南下。当我抵达阿格拉市区的时候，外面已经充满了清晨的喧嚣。在泰姬陵的入口处需要接受如同登机一样严格的安检，观光客们排成一条长队。执行身体检查和行李检查的武装保安员们的怒吼声不绝于耳。当游客参观结束走出来的时候，身边立刻就会围上一圈兜售纪念品的少年。

　　虽然下了一整晚的雨终于停了，但天空中仍然乌云密布。我好不容易走进泰姬陵的园区，和印度以及来自世界各地的游客们一起穿过巨大的石门，终于看到了被称为世界上最壮观的建筑物。然而，我却发出一声叹息。

　　泰姬陵是莫卧儿王朝第五代皇帝沙·贾汗为了哀悼他最爱的王妃穆塔兹·玛哈尔（死于1631年）而修建的陵墓。

据说他从波斯、阿拉伯、欧洲召集了2万名工匠，花费了22年的时间才修建完成。大理石等建材是由一千头以上的大象从印度全国运来的，用来装饰建筑物的28种宝石则是从中国、阿富汗、阿拉伯等国家运来的。

泰姬陵竣工后不久，沙·贾汗就开始在亚穆纳河对岸着手修建自己的陵墓，陵墓整体以黑色大理石为基调。但是，没等开工他就被自己的儿子奥朗则布软禁于阿格拉堡中，而他企图将两座陵墓用一座黑白双色的大理石桥连通的雄伟计划也不得不宣告中止。据说，晚年的沙·贾汗终日在阿格拉堡中眺望着泰姬陵以泪洗面。

虽然我也想说这是一个非常令人感动的爱情故事，然而泰姬陵作为一个表现人类爱情的舞台未免显得太过夸张和奢华。这究竟需要投入多少的物资和劳力，又需要多少金钱和权力来强制驱使呢？

同时我还想到，每年400万以上的旅客，要耗费多少金钱和精力来参观这个"爱情的圣地"？而为了维持这个已经成为摇钱树的文化遗产，印度政府又需要投入多少人力和物力呢？近年来，大气污染对建筑物造成的损伤，以及过度开采地下水造成的地面沉降等问题都变得愈发严重起来。

皇帝的爱情、热情和信念被奇怪地曲解，却又被今天的人们所继承，这一点从参观泰姬陵的人群中就可以一览无遗。大概每个人在参观完泰姬陵之后都会对一点坚信不疑，那就是"爱情是非常昂贵的"。

在泰姬陵的身后，亚穆纳河平静地流淌着。荷枪实弹的警卫兵在河对岸悠闲地散步。有人在河边钓鱼，有人在河上划船，还有一群孩子在浑浊的河水中玩耍嬉戏。

站在大理石的台上眺望河边的情景，我不由得想起过去我经常拜访的加拿大北部的狩猎民族克里族的事情。其中一位年轻的智者这样对我说过："我们的先祖，别说金字塔或者泰姬陵了，在这片土地上连个脚印都没有留下，但这正是对我们来说最伟大的遗产。"

与他们相比，我们这些文明人又怎样呢？无数的核武器和核电站所产生的堆积如山的半永久性辐射性废弃物，将流传给我们的后世子孙。被污染的水、土地、空气，沙漠化的大地，异常高的二氧化碳浓度，不正常的气候结构，大幅度减少的生物多样性,每一个都是让我们的子孙后代长久为之买单的不良遗产。

　　子孙后代希望我们做的是什么?答案是"不留遗产"——立刻停止产生"负面遗产",停止"要做"的过剩,不要再做任何多余的事情。

专栏："不做"的名言集四

不试图改变对方。

  与爱人一起生活有一个秘诀，
  那就是不要尝试改变对方。
  因为如果你想要改变所爱之人的缺点，
  很有可能连对方的幸福也一并破坏了。

——贾克·夏多内《离愁》
佐藤朔译，新潮文库

不做不确定的好事。

  坏事不能做，理所当然。
  不确定的好事，也不能做。
  这是最科学的原则。

——藤村靖之《技术革命》
大月书店

不与任何人攀比。

若想得到真正的安宁,就不要将目光转向外侧,而应该将目光转向自己。

这样,你才是你自己。

"现在我是一个不与任何人攀比、一丝不挂的人。"

——相田光雄《托你的福》

钻石社

不拥有

如果你认为"我不拥有任何东西",

那么你便拥有了一切。

——萨蒂什·库马尔《你在,故我在》

尾关修、尾关泽人译,讲谈社学术文库

第五章

从"不做"中诞生的力量

认真暂停"要做"

让我们来思考一下"休息"。从满是"要做"的"过剩"世界中摆脱出来的方法之一，就是恢复生活中的"休息"和"假期"。或许你会说，这也太简单了吧。但这正好说明，你已经彻底忘记了"休息"本身所具有的深层含义。通过重新思考"休息"的意义，我们可以重视"要做"的生存方式，并通过这点找到重视"存在"和"成为"的生存方式与社会。

首先可以这样思考，假期就是停止"要做"的日子，休息就是从"要做"的杂乱状态中解放出来，悠闲地享受"存在"。

在我刚出生的时候，犹太学者亚伯拉罕·约书亚·赫施尔写了一本书叫做《安息日》(*The Sabbath*)。"Sabbath"在希伯来语中是"休息、安息日"的意思。每周一次的安息日，犹太教是星期六，基督教在绝大多数情况下是星期天。安息日的起源似乎来自《旧约圣经》开头的《创世记》中"神赐福给第七日……就安息了"的记载。

赫施尔认为,《圣经》开头提到安息日,并且是被神祝福的日子,这具有非常重要的意义。《创世记》中这样写道:

> 神看着一切所造的都甚好。有晚上,有早晨,是第六日。天地万物都造齐了。
> 到第七日,神造物的工已经完毕,就在第七日歇了祂一切的工,安息了。
> 神赐福给第七日,定为圣日,因为在这日神歇了祂一切创造的工,就安息了。

为什么第七天是"圣日"呢?只因为"在这日神歇了祂一切创造的工,就安息了"似乎还说不太清楚。我来为大家解读一下赫施尔的解释。

神在前六天非常忙碌。首先开天辟地,然后创造光明与黑暗,又创造了海洋,就这样创造出整个世界的空间,然后又在这个空间里创造了许多东西来填充这个空间。因为这些都是神亲自创造的,所以这空间是非常神圣的空间,里面的东西都是神圣的东西。但是,赫施尔认为,神在第七天不再创造空间上的东西。这次他祝福了时间，并且将时间也定为神圣的东西。

赫施尔认为，犹太人一直每周一次庆祝安息日的意义就在于此。也就是说，让人类从被空间所支配的日子中解脱出来，就像神曾经做的那样，在时间的圣域之中得到休息。这也是为什么在安息日这也不能做，那也不能做，就好像有一个"不做"列表一样的原因。

让我来引用赫施尔的原文（作者译）。

> Sabbath，这就是时间的圣域。为生存而战争的休战日。一切对立的停止。人与人之间的和谐。人与自然间的调和。人内心的和平。这一天，使用金钱是对神的亵渎。人不将物品神圣化，不依赖于物品，宣告自立。从平日的肮脏和紧张中解脱出来，在时间的圣域中成为一个自主且自立的主体。

时间的圣域在哪？

对于既不是犹太教徒也不是基督教徒的绝大多数日本人来说，本来就没有"神圣的第七天"。即便如此，在你之前人生的某一处，肯定有一个物质世界无法触及的"时间的圣域"。休息日的安息、宁静、游戏、快乐，这些究竟都跑到哪里去了呢？

我在20世纪70年代末移居北美的时候，感觉美国的星期日是一个非常特别的日子，几乎所有的商店都会停业。很多商店在星期六就早早地关门了。日本来的游客都对这种情况带来的不便感到非常吃惊，甚至有人愤愤地说："美国人怎么一点做生意的干劲都没有？"还有人轻蔑地认为"这样下去美国就完蛋了"。因为80年代初，正是日本经济蓬勃发展的时期，"日本第一"的观点深深地烙印在每个日本人的心中。

后来，美国效仿日本在周六和周日的时候开放购物，大概是意识到自己在国际范围的经济竞争中处于劣势了吧。

美国很快就废除了许多限制，周末开业的商店也不断增加，神圣的时间逐渐变得自由化。

现在回过头来看，当时正是以美国的里根总统和英国撒切尔首相为代表的新自由主义经济政策和全球化趋势在全世界产生巨大影响的时代。这使得本来就没有阻力的日本更加延长了商店的营业时间。原本就长时间营业的便利店变成了24小时营业的便利店，灯火通明的广告牌将日本从夜晚的黑暗中解放出来。而且日本还有500万台以上的自动贩卖机一刻不停地亮着灯光。

圣诞节和情人节等西洋起源的神圣日自不必说，就连年末年初这样日本传统的节日时间也开始变化，现在已经没有了"旺季"的说法，直接演变成"商战"了。

然而现在是整个世界都经济低迷的时代。政治家也好商人也好，开口闭口都是"繁荣经济"。企图通过消费将或许还残留在每个人生活之中的"空闲时间"全都压榨干净。不能用来制造经济效益的时间，都被看做是无用的时间。在这样的社会里，休息日已经不再是神圣的日子。只有用在"神圣的消费"上，休息日才有意义。

那么，真正在休息日休息的人，在日本还有多少呢？希望你不是忘记了星期日是休息日的人。

从空间的世界到时间的世界——从"要做"到"存在"

让我们回到赫施尔的休息日论上。

赫施尔似乎是这样思考的：存在，拥有时间和空间两个构成要素，每一个各自有不同的"目标"。

空间目标："拥有"（to have）"支配、征服"

时间目标："存在"（to be）"给予、分享"

赫施尔认为只有在空间和时间两者之间取得平衡才是最关键的。

那些平时一直在追求"拥有"和"支配"的人，至少应该在周末的安息日从这些目标中解放出来，享受"共生"和"分享"所带来的愉悦。但安息日不只是单纯的避难所，还是每个周末聚集在烛光周围的人们思考"生存"深层意义的日子。只有这样做，我们每个人才能够从以拥有和支配为目标的经济与政治存在中超脱出来，开始下一周的人生。

也就是说，休息日是一种 re·creation（再创造）。神用六天的时间创造（creation）了世界，第七天的休息一定也是 re·creation。就连神都需要休息，如果我们人类认为休息是没有必要的，那这是一种大不敬的态度。

我们在建立"不做"列表的时候，也应该参考赫施尔的休息日论。

"休息"就是停止"要做"，保持"不做"的状态。简单来说，休息就是"不做"。

"要做"大多是对空间的行动，"不做"则意味着这种行动的休止。通过这种休止，可以将"要做"转变为"存在"。不只与空间的关系，与时间的关系也发生了变化。如果说"要做"是空间为主时间为辅，"存在"则改变了时间的从属地位，使时间成为中心。

赫施尔认为，安息日是"从空间的支配中逃脱出来，在时间的圣域游玩"。按照他这种说法，"休息"就是从"要做"的世界逃脱出来，进到"存在"的世界畅游。在"要做"过剩的这个世界中，自然不断地遭到破坏，人们变得疲惫不堪、伤痕累累，最终一切都陷入困境。于是，我们开始考虑"不做"。也就是说，我们通过"不做"，找到从"要做"通往"存在"的道路。

我所提倡的"慢生活",并不是单纯意义上的减速。"简单生活"和"越小越好"之类的标语,也不只是物理层面上的意思。"节约能源,可持续发展",不意味着单纯节约资源和能源,不破坏环境。"生态学"也不只是科学术语。

上面提到的这些内容,都是为了停止只扩张空间的生活方式,重新取回时间与空间平衡的新生活模式,也可以说是找回"存在"与"要做"之间的平衡。

我和朋友们提倡的蜡烛之夜公益活动也是如此。大家在夏至和冬至的夜晚聚集在一起,"关掉电灯,享受夜晚",不单纯是为了节约电费和能量,更是为了恢复自己人生中神圣的时间,找出"存在"的意义。

"存在"社会与"要做"社会

在赫施尔创作 *The Sabbath* 几年后的1958年，日本的丸山真男发表了一篇名为《"存在"与"要做"》的文章(《日本的思想》)。在这篇文章中丸山指出，近代化的过程就是从以"存在"为基本价值的"存在"社会，向以"要做"为基本价值的"要做"社会的转变。

所谓"存在"社会，就是像日本的江户时代那样，身份、家世、年龄、性别等"无法被行动所改变"的要素，左右着人们的社会关系和行为模式的社会。比如武士和大名[①]，即便他们实际上什么也没有做，但因为他们的武士和大名身份属性，就处于百姓的阶级之上。

与之相对的，以美国为代表的近代的"要做"社会，（至少在原则上）不问身份和出身，只以一个人究竟"做"了什么为评价的标准。

---

① 日本江户时代，直接供职于将军、俸禄在一万石以上的领主。——编者注

丸山这样归纳近代日本社会从"存在"价值到"要做"价值的转变：

> 在近代日本生机勃勃的"跃进"背景下，毫无疑问"要做"价值的转变发挥了巨大的作用。但同时，日本近代的"宿命"的混乱，一方面被"要做"的价值观猛烈地渗透，另一方面还保留着根深蒂固的"存在"价值观。在此基础上，以"要做"原理为原则的组织，总是被"存在"社会的道德伦理束缚得难以行动。

丸山认为，一边向"要做"社会突进，同时又受"存在"社会限制，这种自从日本文明开化以来日本人行为模式的分裂，导致日本人产生出集体性的"心理障碍"。夏目漱石在明治末期就已经看到了这一点。丸山还说，尽管这种疾病在军国主义时期的日本销声匿迹，但在失去天皇制和"国体"这两大支柱的战后日本，这种疾病又再次"爆发性"地蔓延开来。

当"要做"愈发疯狂之后

接下来的这部分内容对我们来说非常重要。丸山在《"存在"与"要做"》中将前现代的"存在"价值对"要做"价值渗透的抵抗看做是日本社会的问题。但在这篇文章的最后,他又对"要做"价值观的"不可阻挡的入侵"和效率主义愈演愈烈这一趋势感到忧虑。他提出了"休日和闲暇的问题",没错,就是和赫施尔相同观点的问题。

> 对于在大城市工作和学习的人来说,休息日已经不再是安静休憩的日子,从业余木匠到外出旅游,人们在休息日的时候反而比平时更加忙碌。最近有一份民意调查,询问"如何利用空闲时间"。结果显示空闲时间不但没有使人从"要做"之中解放出来,反而使人更苦恼于计算如何更有效率地利用休息日的时间。
>
> (《日本的思想》)

丸山也发现休息日应该从"要做"之中解放出来的意义,

并且对"要做"价值观的渗透将休息日从平民手中夺走的现实感到哀叹。这是发生在半个世纪之前的事。如果他现在还活着,面对效率主义和竞争主义已经渗透进社会每一个角落的现状,他又会作何感想呢?

除了政治和经济的世界之外,对于以"文化的精神活动"为前提的内容,丸山认为"休止"就像音乐中的休止符一样,本身就有"存在的意义"。对于文化创造来说,与一味地前进、不断地繁忙工作相比,更重要的是价值的积累。

如果去掉"文化的精神活动"这一前提又如何呢?丸山对于"休息"和"不做"的言论,同样适用于政治和经济领域,而且还能够应用在创建更加"易于生存"的社会上面。

追求幸福就是幸福？

让我们再来思考一下，为什么许多人都要按照"要做"列表上的内容不停地工作呢？或许会有人这样回答：这是为了追求幸福。

德国社会学家弗洛里安·库尔马斯指出，近代社会的特征之一就是"追求幸福"。据说，最好的例子就是1776年发表的美国《独立宣言》，其中明确地记载了由托马斯·杰斐逊所提倡的"追求幸福"的想法是"不可剥夺的权利"。日本宪法第13条的追求幸福权似乎就出自于此。

库尔马斯认为，这种"追求幸福"不但影响了欧美，同时还传播到了整个世界。日本的传统幸福观也发生了改变，现在日本人的幸福需要努力才能够获得，甚至必要时需要斗争才能够获得。这一点和美国的思考方式相同。

人们认为，如果不采取积极的行动，就无法实现"幸福"的价值。满足和停留于某种状况、不以追求幸福为目标等，这些行为都被看做是消极的态度而遭到批判。就算当事人说:"我这样就已经很幸福了。"别人也会觉得"这不过是他的自我满足罢了",并不会表示赞同。

库尔马斯指出,从"追求幸福"的观点来看,"不追求幸福就是幸福"的思考方法和态度是难以接受的,但这样一来,"追求幸福的权利"就会变成一种义务。

在"追求幸福"义务化的社会中,许多曾经在传统社会中受到重视的"节制""自制""谦逊""谨慎""素质""妥协"等词语所表现的态度,不但被看做是消极的,有时甚至被看做是违背道德的。反之,不满足于现状的态度却被看做是"正确"的。

这与资本主义的意识形态完全重合。传统的"知足常乐"幸福观遭到排除,就像库尔马斯所说的那样,幸福变成了"鼓励生产和消费,变得更加富裕、聪明、健康"的一种追求。

珍惜"眼前的东西"

对于"幸福是什么"这个问题,回答竟然是"追求幸福"。然而更加不可思议的是,绝大多数的现代人对于这种奇怪的回答却都不感觉奇怪。

大概就好像参加比赛一样的感觉吧。也就是说,在"追求幸福"的比赛之中,只要追求幸福就好了,至于作为追求对象的幸福究竟是什么,根本不用思考。

或许还可以这样说,在这场比赛中,只需要"追求幸福"的"要做",至于"幸福"本身的"存在"则变得无足轻重了。

不得不说这是一个讽刺。本应是为了追求幸福的"要做"列表,结果却被这份列表束缚了自由,并且在它的驱使下变得不幸。或许会有人提出反对意见,认为即便如此也不能停止"要做"。因为人类都是为了"要做"而生的,不是为了"不做"而生的。

关于这个问题,请回忆一下第一章中提到的"要做"的反义词不是"不做",而是"在做"。

"要做（do）"的反义词是"在做（be）"，而"不做××"实际上是"不做×× 在做××"的一种状态。

因此，建立"不做"列表，实际上就是建立"在做"列表。人类不只是为了"要做"而生，还是为了"在做"而生。

古往今来，许多贤人都认为"知足常乐"才是人生最大的幸福。这就是在奉劝我们，削减"要做"列表，选择重视"存在"的生活方式。

通过古人的智慧，我们也应该学会转变思想，改变我们的幸福观。舍弃"要做＝幸福"和"不做＝不幸"的思想，认识到眼前的一切就是最幸福的。与其去追求那些还不属于自己的东西，不如将热情倾注到自己拥有的事物上。舍弃将对现在自己的不满足和焦躁转变为能量激励自己前进的这种生活方式，选择重视每一刻幸福感觉的生存方式。

这就是从"要做"到"不做"乃至"存在"的转变。正如丸山真男和赫施尔所说的那样，这种转换应该首先从休息开始。那么，你的下一个休息日打算怎么度过呢？

"要做"社会舍弃的东西

行动优先，重视移动性、机动性和运动性，以高效率地交换人、事物、信息来竞争的"动态"社会，这就是"要做"社会。可能对移动造成阻碍的事物都被排除，国与国、地区与地区之间的屏障也全部消失，"要做"已经覆盖了整个地球，这就是"要做的全球化趋势"。

在这样的社会中，一个人的价值是由他"做"什么，以及怎样"做"决定的。而像"存在"这种"静态"的方式则难以得到认可，"我之前一直在这里，现在也在"被看做是没什么意义的，甚至经常会遭到反问"那又怎样？"

很少有人会因为"什么也没做，只是待在原地"而得到褒奖。如果有人来关心地问你"怎么了，是不是身体不舒服？"还算是好的，更多情况下别人会认为你阴暗、消极、不上进、软弱。反之，总是有很多事"要做"，而且为这些事忙来忙去的人，被看做是健康的、开朗的、积极的、向上的、拥有坚强意志的。在"要做"社会中，只有"要做"

的人会受到优待，"存在"的人则遭到蔑视，被当做傻瓜。

在这样的社会中，大家都想成为"要做"的人也没什么奇怪的。

但是，我们需要思考的是，"要做"社会究竟是不是一个适合我们生存的地方呢？

首先，在"要做"社会中，自然环境一定会遭到破坏。自然界并不是单纯地"存在"于我们周围。人类和其他生物为了生存所必须的一切，都是自然界的生态系统提供给我们的。但是，为了"要做"而疲于奔命的人们，已经越来越难让自己与自然之间有更深层次的联系。

其次，在"要做"社会中，传统文化也开始衰退。当然，有一些糟粕陋习确实应该被遗忘。但与此同时，经过许多世代孕育出来的人们的独一性、归属感和生存价值，也就是自己究竟是谁、究竟为何而生的感觉也逐渐消失。

曾经在传统社会中人们为了生存而必不可少的交流，在"要做"社会中已经走向崩溃。本来，家庭、亲人、地区团体等交流群体，与公司和军队不同，不是以某种"要做"为目的集结起来的团体。甚至可以说，除了"共生"之外，人类没有聚集在一起的理由,也就是说"为了在一起而在一起"。

  当然,每个人从生下来开始,就有许多"要做"和"必须做"的事。但我虽然在砍柴,却不是为了砍柴而成为团体的一员,而是为了在团体中生存,才砍柴。这就是我的存在,仅此而已。没有"要做"某事才能成为伙伴的前提条件,也没有成为一员后"能做"某事的资格之类的限制。

只需要"存在"的世界

实际上,在过去的地区团体或者家庭和亲人之间,有很多只要存在就可以的人。

残疾人、小孩子、孕妇、抱小孩的女性、老年人、病人,不管是不是暂时的,这些人都是无法完美地"做"某事的人。

思想家最首悟先生有一个患有多重残疾的女儿,他建议将"残疾"这个词换成"障碍"。如果这样说,其中所包含的意义就更广阔了,不只残疾人士,小孩子、老年人、病人,这些都是有障碍的人。

不仅如此,即便是平时被称为健全人的健康的人,就连这些人有时候也会感觉自己或多或少在某种程度上拥有某种障碍。大家都有儿童时期,而且早晚会变老。人一旦上了年纪,以前轻而易举就能够"做"到的事情也会变得困难起来。另外,人生总有高潮和低谷。你可能会生病,可能心情会陷入低谷,可能会意志消沉。

人类并不是万能的。"今天什么也不想做,只想在这里待着"的心情谁都可能有过。那么,是否可以这样说:这个世界上的每一个人的人生都是充满障碍的。

每个人都拥有某种"不可能"。也就是说,每个人都有自己"做不到"的事。既然如此,我们为什么还要因为一个人"做不到"某事而质疑他的生存资格,怀疑他作为人的价值呢?在一个团体或者组织中,一个人做不到的事应该由其他人来帮他完成,大家互帮互助,取长补短,这才是人类最正常的生存方式,这才是真正的人类社会。

也就是说,我们只要存在于这个世界中就好。在此基础上,我们做什么或者能做什么,都是附带的赠品。如果觉得这个说法不好听,那么换个说法就是,"要做"是从"存在"的根干上分出来的枝杈。

当然,人类为了生存,有很多"要做"和"必须做"的事情。有人将"要做"看成是生存价值,有人看成是生存目的。但我认为,就算"要做"是生存目的,"存在"也不能被贬低为实现目的的手段。

然而在我们身处的这个"要做"社会中,上述的一切已经成为现实。正如最首先生所说的那样,人类不允许犯下哪怕"一丁点的错误",也没有"悠闲轻松的时间",完全被困在这个充满压力的社会之中。

　　"要做"社会不仅残障人士和老年人难以生存,即便是对于那些健康、年轻、充满竞争力的人们来说,"要做"列表的不断增加,最终也会使他们在这个社会中失去生存的方向。而一个理想的社会,应该是不管强大还是软弱,不管健康时还是生病时,不管有没有身体或精神上的障碍,任何人都可以作为一个有尊严的人,因为自己的"存在"而得到承认,因为"共生"而得到尊重。

商业中"弱"的力量

公司和社会具有很多的共通性,很多人认为公司就是"要做"社会的缩影。但在新自由主义、美国的经营模式和能力主义如同惊涛骇浪般席卷日本之前,日本的很多公司都拥有浓重的交流氛围。包括我父亲以前经营的公司在内,在我的人生中遇见过的公司,"像家庭一样"的形容不只是经营者的宣传语,而是具有实际意义的。

20世纪80年代我在美国生活时,"猎头"(headhunting)这个本意为猎取人头的行为,现在被引申为用高额的薪水吸引其他公司的优秀员工来自己公司工作。很快这种行为就出现在日本,并且作为商业用语被广泛使用。简单说,这就是将已经存在的强者集中在一起,组建出最强的组织,实际上是非常单纯的组织论。但是像这样组建起来的组织,难道不是非常脆弱的吗?

猎头,也就是只猎来了头,却没有身体和心灵。在这里根本没有事故、疾病、残障、衰老,甚至死亡介入的余地(那些都是保险公司的工作）。有的只是由竞争磨炼出的"要做"的能力。但是，除了让商业成功的"要做"这一目的之外，这些商业人士没有其他任何"存在"的理由，就像是聚集了许多具备最先进性能的机器人一样。

"要做"和"能做"只是凑巧让别人都看在眼里罢了。如果世界发生了改变，对"要做"的意义重新思考的时代来临，那么只聚集强者的"要做"公司就非常脆弱。否定每个人都可能存在的"软弱"的组织并不是实际意思上的软弱，反之，承认自己和他人的"软弱"，取长补短、互相帮助的组织才能够发挥出真正顽强的力量。

描绘人生的抛物线

在英语中人类被称为"human being"。这个"being"就是"存在"的意思。但是，我们却成为了忘记"存在"，只为"要做"而奔波的"human doing"。

人生总是被比喻成一条抛物线。这条抛物线中间高高隆起的部分，就是从青年期到中年期"工作""义务""责任"等众多的"要做"的事。由"要做"描绘的人生抛物线，位于两端的幼年期和老年期的幅度很小。最终到达死期时，抛物线两端的幅度就会彻底消失，与坐标横轴合为一体。

在"要做"曲线中，人一生的价值和意义都体现在曲线的高度上。根据这种观点，人类的诞生和死亡都是零，也就是毫无意义的。

与之相对的，我们用"存在"曲线来思考一下人生又将如何呢？刚刚出生的婴儿和年幼的孩子，虽然在"要做"上没有什么能力，但"存在"感却是最强的。

在"要做"上与年轻人无法相比的老年人，也因为在传统社会中压倒性的存在感而倍感自豪。根本无需多言，只是"存在"就已经传达出了足够的信息。另一方面，夹在孩子和老年人中间的成年人，由于围绕着生产活动有太多的"要做"需要完成，所以根本无法充分地享受"存在"带来的愉悦。

　　也就是说，"存在"曲线和抛物线完全相反。那么，死后又将如何呢？这条曲线虽然不会一直持续上升，但也不会像"要做"曲线那样在死的时候回归于零。因为死亡的人，或者成为灵魂，或者成为先祖，或者成为神灵，总之会继续"存在"于生者的意识之中。死者只是脱离"要做"的世界，成为一个特别的"存在"。

内在修养

身处"要做"社会之中的我们,很难想象以"存在"为中心的社会是什么模样。或许会认为"存在"社会是一个缺乏变化,每天都很枯燥乏味的社会。一切都缺乏行动性、积极性和发展性,仿佛沉淀在时间的长河之中,对于这样的人生你会感到毫无魅力也是理所当然的。

让我们再次请出道家的创始人老子。老子告诉我们,"不做"和"存在"才是真正生机勃勃的力量。

> 道的行动,
> 虽然看起来好像是什么也没做。
> 但实际上却是千变万化的。
> 通过这种千变万化,
> 天地万物都可以得到调整。
> 所以多余的人类,
> 不必出手做任何事。
>
> (《道家——老子》,加岛祥造著)

这里出现的"道",也可以替换成"生态系统",道家的思想就是我们现在所说的生态学思想。现在关系到人类生存问题的环境危机,也是因为多余的人类没有信任道(生态系统)本身的调整能力,擅自出手干预所造成的结果。多余的人类不断地想出"要做"的事,以"发展"和"开发"的名义对地球进行破坏。

"发展"和"开发"在英语中都是"development",在这几十年间已经成为全世界的关键词。

作为动词的"develop",原本的意思是生物在自身的成长过程中展现出内在具有的可能性,比如用来表现"花蕾变成花""种子发芽""孩子长大成人"等状态。英语中将这样的动词称为不及物动词,区别于作为目的语使用的及物动词。

美国政治学家道格拉斯·拉米斯指出,战后的美国,本是不及物动词的"develop",经常被作为及物动词用于表现"发展××""开发××"的状态。也就是说,本应是内在的自发的"发展",变成了外界人为的、政策上的、甚至有时还是强制的"发展"。(《没有经济增长我们就

不能变得更富裕吗》)

从那之后，表示"发展"和"开发"的及物动词"development"开始被世界上更多的人所接受。学者古斯塔沃·埃斯特瓦甚至如此断言："在现代，没有任何一个词比'development'对思想和行动的引导力更加强大。"

运用刚才老子的观点，就是因为多余的人类不断地做出行动（及物动词的 development），阻碍了道（生态系统）的"千变万化的调整"（不及物动词的 develop）。人为（做）的过剩，破坏了自然（成长），而这仅仅是在最近这几十年间才发生的事情。

"做"和"成为"

> 古之善为道者，微妙玄通，
> 深不可识。
> （略）
> 保此道者，
> 不欲盈。
> 夫唯不盈，
> 故能蔽而新成。
>
> （《道家——老子》）

不用东奔西走也能"知道"，不必四处张望也能"看见"，什么也不用做"事情自然能成"，这是不及物动词的世界。

英语语法中的及物动词表示的是"做××"的意思，是主体对客体产生作用的动词。与之相对的不及物动词，是没有作用对象也能够成立，也就是不基于主宾关系的动词，就像"樱花盛开""天降细雨""枫叶变红""地球旋转""破茧成蝶"一样。

如果将这些词都换成及物动词,那就是"让樱花盛开""让天降细雨""让枫叶变红""让地球旋转",这何止是科学技术,简直就像是魔术世界的故事。

或许应该这样说:"开花""下雨""变红""旋转"都是与"做"和"要做"性质不同的"成为"。

从"成长"到"培育",从"治愈"到"自愈"

在许多领域,"不做比要做更重要"的思想愈发显得重要起来。

比如,以不耕地、不使用化肥和农药、不除草和虫为特征的自然农业。过去的人们都在自然的制约中,按照生态系统的节奏划分区域进行耕种。但在科学技术得到发展后,人们摆脱了自然的制约,甚至反过来控制自然界。在现代的农业、畜牧业和养殖业中,植物与动物这些生物已经变成了被"生产"出来的"商品",从自身的"成长"变成人工的"培育"。

自然农业,是与及物动词的农业相比,遵从生命原有的不及物动词的生长方式的农业。自然农业的倡导者川口由一认为,"不做"的重要性不只体现在农业世界中,同时还适用于医疗、教育以及环境问题等许多领域。

现代的科学医疗主要集中于对疾病和患者的"治愈"这个及物动词的关系上,然而现在越来越多的人开始关注

"自愈"这个不及物动词的现象。

替代医疗的专家上野圭一认为,就像自然的开花、下雨一样,人体也会出现"自愈"的现象。但人类却也会因为种种原因导致身体无法发挥"自愈"的力量。这时,人们就需要找专家提供帮助进行补充治疗。也就是说,"治愈"这个及物动词的医疗方式,本来只是对人体"自愈"的一种补充。但是,在现代的医疗界完全是本末倒置的情况,"治愈"成为了主体,"自愈"却被遗忘。

替代医疗、全面医疗就是为了让生命重新回到"自愈"这个不及物动词上来,并且以此为原点改变整个医疗体系。

相信等待的力量

为了将孩子们培育成优秀人才而一直重视"做什么"的教育领域，现在也开始认识到"不做"的重要性，就好像发生了从及物动词的"培育"到不及物动词的"成长"一样的思想转变。

艺术家兼教育家田中周子女士认为，父母和老师们为了教育，很多事情都"做"得太过，给孩子们造成过大的压力。

田中女士曾这样对我说：

"孩子想要制作某个东西时，必定会经历三个步骤：第一，思考做什么并且做决定；第二，制作；第三，制作完毕后回顾。这三个步骤缺一不可，因为这就是孩子的成长过程。家长和老师不应该告诉孩子这样做、那样做，因为这会导致孩子略过成长的过程。四岁时有只在四岁时才能学到的过程，等孩子六岁时或许就再也没有机会了。"

社会也通过各种课程和教科书过早地给孩子们灌输了太多的内容，很多大人认为这是非常有效率的教育方式。

但正如田中女士所说的那样，效率和便利性实际上是剥夺了孩子们失败的机会。孩子们通过失败可以学到很多东西，甚至可以说失败才是最好的学习机会。但现在，这个机会却被大人们夺走了。

或许大人们已经没有耐心等待孩子们花费大量的时间去进行错误的尝试。但是，这也不能全都怪大人，因为他们从小接受的教育已经使他们变成了一个教科书式的人。他们从小就没有享受过被等待的待遇。

同样的情况也发生在地区和自然环境上。在开发、公共事业和地区振兴的名义下，"做"得太过造成的破坏可以说惨不忍睹。自然和生态系统都遭到破坏，美丽的风景从此消失，地区之间的交流也愈发稀少。如果每个地区都能够从依赖外界的体制中脱离出来，发挥出潜藏在其自身之中的可能性，那么或许将来就没有"地区振兴"（及物动词）的说法，而变成"地区崛起"（不及物动词）了吧。

最适宜"不做"的地方

位于北海道浦河一个偏远的小乡村之中的"伯特利之家"如今愈发受到人们的关注,这是一个精神障碍患者们通过创建公司和修建集体住宅等社会活动来进行互助交流的组织。不仅是日本,全世界的人都络绎不绝地来到这里,而且在浦河还流传着这样一个"神话":"来过一次伯特利之家的人,肯定还会再来。"

我也不例外。为什么还会再去呢?为什么还想再去呢?据说是因为所有的来访者都会患上一种"疾病"。伯特利之家的创始者之一,自称是"主动找人交流的社会活动家"的社会活动家向谷地生良先生,以及自称是"不治病的医生"的浦河日赤医院精神科的川村敏明医生,将这种"疾病"称为"伯特利病毒感染症"。

被伯特利之家深深地迷住,不仅带好多朋友一起去浦河,帮助修建新的咖啡馆,甚至在与向谷地先生交谈后出版了一本书,这样的我肯定是相当重症的"患者"。

在他们两人列举出的"感染者"们的典型"症状"之中，我特别选出几个我非常符合的特征为大家介绍一下。

> 初期症状是"无力感"。对任何事物都不会深入思考，只轻松地思考。
> 思考之前从没想过的事，可能会陷入暂时性的抑郁状态，但伴随着"自己好像变成了傻瓜"的自责感，自己会逐渐变成一个对任何事物都无所谓的人。
> 对"上升"的情况失去关注，认为"下降"更好。在生活方面，不虚荣不逞强，变得更加平静。
> 变得更加"健忘"，而且更容易改变心情。
> 对社会评价的关注度下降，不追求出人头地。
> （《安心享受绝望的人生》）

向谷地先生在另外的书中，对"伯特利病毒感染症"所引起的"反转症状"是这样描述的：

> 最具有代表性的"反转症状"就是，虽然"生病"但心理却是健康的，虽然"贫穷"但却感觉自己很富裕，虽然"偏远"但商业却是繁荣的，多亏"生病"海带卖得更好了，多亏"生

病"交到了朋友，因为"绝望"却得到了"真是一个顽强的人"的赞扬，"生病"后反而变得轻松了。（略）

明明什么问题都没有解决，但是不知何时却感觉所有问题都"解决"了。而且"不做"比"要做"更顺利。

（《"伯特利之家"吹来的风》）

生病却健康，贫穷却富裕，这真是一个幸运的疾病。不再深刻地思考问题，不再像个傻瓜一样烦恼，需要解决的问题全都消失了。对于因为"要做"列表的不断增加而疲于奔命的人来说，简直再也没有比这更好的消息了吧。

拥有精神障碍的人和健康人之间，大概并没有太大的区别。至少没有健康人以为的那么大（健康人也会轻易感染"伯特利病毒"大概就是这个原因吧）。

"要做"列表，或许也可以看做是一种疾病。如果是这样，我们还不如感染"伯特利病毒"更好，因为那样我们就可以将"要做"转变为"不做"。

最后再一次回到颠倒的国家

从"要做"到"不做",从"要做"到"存在",从"做"到"成为",就像"伯特利之家"一样,在我们的生活中也发生着许许多多的"反转症状"。

粮食和蔬菜不是被"生产"出来的,而是自己"生长"出来的。生物不是让它"长大",而是让它自己"成长"。孩子不是"培育"成人,而是自己"长大"成人。疾病不是被"治愈",而是"自愈"。

但这并不意味着在农业、教育和医疗等领域完全不需要人类的参与,而是说我们应该再一次回到"存在"的原点,思考自己究竟应该"做"什么。

所以,我们应该重新分析一下自己的"要做"。"要做"是否扼杀了一切事物中潜在的"成为"的可能性?过剩的"要做"是否扼杀了一切人类"成为"的嫩芽?让这个社会变成一个没有花朵、寂寞的"要做"社会?

我们是不是做得太过?我们有没有浇太多水,有没有施太多肥,有没有吃得太多,有没有太过努力,有没有太过焦急?不教学、不耕地、不吃药、不催促,这样会不会更好呢?

只要将多余的地方一个一个删掉,原本沉眠于其中的"成为"的力量就会开始发挥作用。适当的"做"和"不做"会引出"成为"的力量,这些力量会相互调和,这才是我们所应该"存在"的地方。

结　语

2009年，我出版了《为了慢生活的"不做"》一书，这本书是在其基础上修改后的作品。

回首过去的五年，首先浮现在我眼前的就是2011年发生的东日本大地震。还有福岛第一核电站事故持续到今天仍然一触即发的危机，以及核辐射污染导致的健康问题。

在为大家送上《不做：让人生更丰富的减法哲学》一书的时候，我最后无论如何都想要填进去的"不做"，就是"不再建核电站"。

我认为自从那一年的3月11日之后，日本进入了一个崭新的时代。不只日本，对于整个世界来说，这都是历史性的重大转折。现在，很多人都用"拒绝核电站"代表从旧时代到新时代的转变。我相信，这已经脱离了是否使用核电的范围，这里还凝聚着人类生存方式和社会存在方式的丰富的世界史观。

这也要做，那也要做。每一个"要做"都关系到经济增长，而每一个"要做"都需要能源。所以，经济增长和能源消耗的增加几乎是同义词。于是，人们的需求从煤炭到石油，最后到了核能。就像经济成长本身成为了目的一样，随着能源需求的不断增加，不断增加供给与消费，不知何时也成为了目的。

为了"做"而"做"，不断循环……

全世界现在拥有 400 座核电站，每一座都像是"没有厕所的公寓"。这些核电站产生的几十万吨核废料，将在今后至少 10 万年中威胁地球上的生命。为了储存和再处理这些核废料，世界各地都修建了许多庞大的设施，还要修建将核废料运送过来的运输系统。以日本发生的核泄漏事故为契机，法国、美国、俄国的核电站企业和政府都在全世界范围内削减了新建核电站的计划。但令人惊讶的是，日本的核电相关企业和政府却迫不及待地准备在各地修建核电站。

现在，福岛核电站造成的水污染问题仍然困扰着我们。为了处理被污染的水，国内外的企业开始销售许多装置和机械。就像战争一样，社会的巨大困难和不幸，往往会成为商机。为了解决某种问题，就会出现某种"要做"。然而这又会引发其他的问题，于是为了应对新出现的问题又"要做"，结果又引发新的问题。就这样，一个"要做"诞生出许多新的"要做"，新的"要做"又诞生出更多的"要做"。这就是经济增长的本质。

那么，读完本书的诸位肯定已经知道，像这样"要做"不断增加的时代，是我们应该告别的旧时代。

关于旧时代的弊端我们也已经非常清楚，那就是没有未来。然而，这正是我们自己和我们所爱的人正在生活着的时代。所以，与其憎恨这个时代，不如先感谢它，然后道别。"再见，核电站。再见，旧时代。"

那么，取而代之的新时代应该是什么样的呢？或许很多人会兴奋不已地想要这样做，或者那样做……然而在新时代最关键的不是"做什么"，而是"不做什么"。为了未来的新时代，我们首先要思考"不做"列表。

"3·11"之后，福岛、日本、甚至全世界的家长们全都意识到：最重要的是什么？那就是我们给孩子，以及孩子的孩子，留下干净的空气、干净的水、安全的食品。我们应该双手合十来祈祷，让神给我们的子孙后代留下这些，而我们则再也不会贪得无厌地要这要那了……

空气、水和食物，地球给予了我们这一切。有着在这里持续生存的智慧的人类团体，分享的社区，互相支撑的社会……对于生存在地球上的人类来说，这是去除多余的东西之后剩下的最重要的东西，离开它谁也无法生存的东西。这就是"3·11"让我们重新认识到的道理，希望我们不要再忘记。

人类为了幸福生活所需要的东西其实并不多。为了和平并且团结互助地像人类那样生存，"必须做"的事也没有那么多。只要明白了这一点，一切问题都将迎刃而解。让"知足常乐"的传统智慧在日本复苏，成为新时代的精神食粮。

那么，那之后我自己的"要做"列表和"不做"列表变成怎样了呢？

让我来为大家介绍一下发生在我身上的经验吧。虽然我还会因为"要做"列表的不断增加而烦恼，但确实发生了一些改变。

以前就经常进行冥想的我，在"3·11"之后更容易投入进去。因为我坚信，构建一个和平幸福的社会，首先需要从一个和平幸福的自己做起。冥想，就是对"不做"和"不想"的一种实践。

我最喜欢的冥想教科书是一行禅师的一系列著作。一行禅师经常建议人们要"慵懒度日"，就是在那一天中不安排任何事，悠闲地享受时间，自然地生活。

相信看到这里的读者朋友们，都知道这样的一天有多么重要了吧？

> 什么也不做的时候，我们总感觉是在浪费时间，但这种想法是错误的。你的时间，是为了你存在的时间，是为了让你的生命充满安详和喜悦的时间。
>
> （《不丹的幸福冥想》）

衷心地希望大家的人生都充满安详和喜悦。如果本书能够为大家的人生提供一点点的帮助，都将是我最大的荣幸。

2014 年夏

于横滨

辻 信一

出版后记

现代生活的节奏变得越来越快，我们每个人的记事本上写满了每天要做的事。我们每做完一件事之后，将其从记事本上划掉之后，又会添加上许多即将要做的事。每一天，都充满了许多要做的事，我们渐渐被压得喘不过气，甚至忘记了生活中的那些美好与感动……

我们需要在"要做的事"的列表旁边放上一张"不做的事"的列表，上面写满了"不做的事"。比如，"不戴手表"，不必每天都匆匆忙忙，用心去感受时间的流逝；"不使用一次性筷子"，随身携带一双自己专属的筷子，为保护环境做一份小小的贡献，等等。用这种"不做"的方式去体会生活中的另一种美好。

本书作者辻信一是文化人类学者，也是环境活动家，自称树懒教授。他提倡与环境共生型的"慢工作"，以此提醒人们在快速的生活节奏中享受生活的静谧。每年的夏至，东京都内都会开展"100万人的烛光之夜"这一活动，整个东京都会关掉电灯，大家燃起蜡烛，在烛光下静静感受久违的宁静，而这一活动也正是本书作者发起的。

在本书中，有关"不做"的列表，作者提出了很多自己和家人亲身实践的"不做的事"。譬如，不看电视、不使用一次性的用品、不依赖手表等，一些我们马上就可以开始实践的事。甚至更有不努力、不勉强提高干劲、不急于前行等，这类能够改变我们对待生活的态度的提案。

建立一个"不做"的列表，即是在每天忙乱、复杂的生活中做减法，让生活尽量简化。这样我们才能更加从容地面对人生，用心体会生活。

服务热线：133-6631-2326　188-1142-1266

服务信箱：reader@hinabook.com

后浪出版公司

2016 年 1 月

图书在版编目（CIP）数据

不做：让人生更丰富的减法哲学/（日）辻信一著；朱悦玮译. -- 南昌：江西人民出版社，2016.6
ISBN 978-7-210-08307-8

Ⅰ.①不… Ⅱ.①辻…②朱… Ⅲ.①人生哲学—通俗读物 Ⅳ.① B821-49

中国版本图书馆 CIP 数据核字（2016）第 071135 号

"SHINAIKOTO" LIST NO SUSUME : JINSEI WO YUTAKANISURU HIKIZAN NO HASSOU
Copyright © 2014 by SHINICHI TSUJI
All rights reserved.
Originally published in Japan by POPLAR Publishing Co.,Ltd. Tokyo
Chinese (in Simplified character only) translation rights arranged with POPLAR Publishing Co.,Ltd.
Through Bardon-Chinese Media Agency, Taipei.
Chinese (in simplified character only) translation copyright 2016 by Ginkgo (Beijing) Book Co., Ltd.

版权登记号 14—2016—0082

不做：让人生更丰富的减法哲学

作者：[日]辻信一　责任编辑：刘莉
出版发行：江西人民出版社　印刷：北京嘉实印刷有限公司
889 毫米 × 1194 毫米　1/32　7 印张　字数 90 千字
2016 年 8 月第 1 版　2016 年 8 月第 1 次印刷
ISBN 978-7-210-08307-8
定价：36.00 元
赣版权登记—01—2016—136

后浪出版咨询(北京)有限责任公司 常年法律顾问：北京大成律师事务所 周天晖 copyright@hinabook.com

未经许可，不得以任何方式复制或抄袭本书部分或全部内容
版权所有，侵权必究
如有质量问题，请寄回印厂调换。联系电话：010-64010019

《整理情绪的力量》

著　　者：［日］有川真由美
译　　者：牛晓雨
书　　号：978-7-5459-1101-5
版　　次：2016年3月第1版
定　　价：32.00元

　　出版3年间重印40余次，销量突破20万本，广受女性读者欢迎的情绪调节专家有川真由美告诉你，房间要收纳法，情绪要整理术。

　　你的生活方式，与你如何对待情绪垃圾息息相关。《整理情绪的力量》选择了愤怒、焦虑、嫉妒、拖延等多种生活中时刻出现的消极情绪与习惯，以实用、亲切的情绪调节技巧依次审视，各个击破，割断消极情绪的乱麻，彻底将它们逐出生活。

内容简介：

　　人人都有陷入消极情绪中难以自拔的时候，如何应对消极情绪便成了实现目标、提高生活质量的关键。

　　有川真由美倡导的"情绪整理"方法旨在帮助我们协调情绪与现实之间的关系，她从愤怒开始，列举了如焦躁、孤独、疲惫、怨恨、嫉妒、自卑、逃避、怠惰、后悔和不安等现代人生活中常见的情绪垃圾和消极状态，你可能还没有发觉它们的出现，就已经成为它们的猎物。本书会教你辨识这些堆积在内心的污泥，以简单实用的方法，用最快的速度摆脱它们的影响。

　　情绪如同马车，理性是缰绳。手腕高明的驾车者懂得平复自己的情绪，安抚它、取悦它，心情愉悦地享受自己的人生之旅。

《不被理想束缚的生活》

著　　者：［日］金子由纪子
译　　者：烨　伊
书　　号：978-7-5502-5203-5
版　　次：2015年7月第1版
定　　价：25.00元

"不要被理想束缚"是金子由纪子给你的人生"暖"建议。

她是作家、编辑、妻子、母亲，也是爱生活的简单人。

有人说，所有的抑郁都是不能活出理想中的自我所致。可所谓的理想就真的适合你吗？你以为执着逐梦需要勇气，其实接受并非无所不能的自己才更需要勇气。

人生这个东西，哪里有对错可言。也许你在朝理想狂奔的路上，摔了一跤，顿时爱上了那块石头、那片草地……

内容简介：

这本小书，写给所有被生活所困、觉得事事都不如意的人。也许你觉得工作不理想、世界不公平，花了很多时间思考"我究竟是怎样一步一步毁掉自己的生活的""人生的意义到底在何处"……

可世间的一切从来如此，也许我们恰恰是在精细琢磨、权衡利弊间远离了真正的幸福。

作者就生活、工作、恋爱中现代女性的常见困扰给出了自己的暖心建议。当你做到不被自己的理想束缚，也不被他人眼光左右时，才能无限接近人生的智慧和意义。